Bibliografische Information der Deutschen Nationalbibliothek:

Die Deutsche Bibliothek verzeichnet diese Publikation in der Deutschen Nationalbibliografie; detaillierte bibliografische Daten sind im Internet über http://dnb.d-nb.de/ abrufbar.

Impressum:

Druck und Bindung: Books on Demand GmbH, Norderstedt Germany
ISBN: 9783668735729

Dieses Buch bei GRIN:

https://www.grin.com/document/428273

Duc Khoi Do

Aus der Reihe: e-fellows.net stipendiaten-wissen

e-fellows.net (Hrsg.)

Band 2777

Eine p-adische Methode zur Berechnung von Gröbner-basen

GRIN Verlag

Universität Ulm

Fakultät für Mathematik und Wirtschaftswissenschaften

Institut für Reine Mathematik

Eine p-adische Methode zur Berechnung von Gröbnerbasen

Bachelorarbeit

in Mathematik

vorgelegt von Duc Khoi Do

am 16. März 2016

Inhaltsverzeichnis

1 Einleitung

Bruno Buchberger entwickelte im Jahre 1965 das Konzept der Gröbnerbasen. Mit Gröbnerbasen, die Buchberger nach seinem Doktorvater Wolfgang Gröbner benannte, lassen sich eine Vielzahl von Problemen lösen, wie z.B. dem Idealzugehörigkeitsproblem oder das Lösen nichtlinearer polynomieller Gleichungssysteme.

Ein großes Problem bei der Berechnung von Gröbnerbasen in $\mathbb{Q}[x_1, \ldots, x_\tau]$ ist das riesige Wachstum der Koeffizienten, die die praktische Berechnung aus Laufzeit- und Speicherplatzgründen erschweren oder sogar unmöglich machen.

Es seien beispielsweise

$$F = \begin{pmatrix} x^2y^2 - \frac{14}{3}x^3y \\ xy^3 - \frac{12}{7}x^2y^2 + 8x \\ y^4 + 8y - 24x^3 \end{pmatrix}$$

und I das von F erzeugte Ideal. Wir können zeigen, dass

$$G = \begin{pmatrix} y^4 + 8y \\ xy^3 + 8x \\ x^2 \end{pmatrix}$$

die reduzierte Gröbnerbasis von I bzgl. der lexikografischen Monomordnung mit $x < y$ ist.

Obwohl die Koeffizienten von F und G relativ klein sind, so kommen bei der Berechnung von zwischenzeitlich auftretenden Polynomen sehr große Koeffizienten wie 1098247/1190896 zustande (siehe [7, Seite 300 f., Beispiel 2]).

Franz Winkler entwarf in seiner Arbeit [7] einen Algorithmus, um für ein gegebenes System von Polynomen in $\mathbb{Q}[x_1, \ldots, x_\tau]$ eine Gröbnerbasis zu berechnen, ohne mit dem Problem des enormen Zuwachses der Koeffizienten konfrontiert zu werden.

Das Prinzip dieses Algorithmus beruht darauf, dass man sich per Zufall eine Primzahl p auswählt und zunächst die reduzierte Gröbnerbasis $G^{(0)}$ von F in $\mathbb{F}_p[x_1, \ldots, x_\tau]$ berechnet. Wenn man Glück hat, dann verliert man keine bedeutenden Informationen über die gesuchte reduzierte Gröbnerbasis G. Anschließend kann man $G^{(0)}$ zu einem System $G^{(i-1)}$ in $\mathbb{Z}/p^i\mathbb{Z}$ für beliebige natürliche Zahlen i hochheben. Wissen wir eine obere Schranke für die Koeffizienten von G, so kann man i groß genug wählen, sodass wir nach der Transformation der Koeffizienten von $\mathbb{Z}/p^i\mathbb{Z}$ nach $\mathbb{Q}$ tatsächlich die gesuchte reduzierte Gröbnerbasis G in $\mathbb{Q}[x_1, \ldots, x_\tau]$ erhalten.

In dieser Arbeit soll diese Methode von Winkler vorgestellt und erklärt werden. Dazu werden wir in den Kapiteln 2 bis 4 das benötigte Wissen aneignen, um den Algorihmus verstehen zu können.

In Kapitel 2 werden wir eine Einführung in die Theorie der Gröbnerbasen geben und die wichtigsten Begriffe und Resultate präsentieren. Eine Besonderheit in diesem Kapitel stellt die Beschreibung von Gröbnerbasen mithilfe von Matrizen dar, den sogenannten Transformations- und Syzygiematrizen.

In Kapitel 3 definieren wir den Begriff der glückbringenden Primzahlen p und werden zeigen, dass diese Primzahlen für den informationserhaltenden Übergang der reduzierten Gröbnerbasis von $\mathbb{Q}[x_1, \ldots, x_\tau]$ nach $\mathbb{F}_p[x_1, \ldots, x_\tau]$ verantwortlich sind. Außerdem wird sich herausstellen, dass für ein gegebenes System von Polynomen in $\mathbb{Q}[x_1, \ldots, x_\tau]$ fast alle Primzahlen glückbringend sind.

In Kapitel 4 beschäftigen wir uns mit Liftingfolgen und werden herausfinden, dass die Folgenglieder in $\mathbb{Z}/p^i\mathbb{Z}$ die reduzierte Gröbnerbasis in $\mathbb{Q}[x_1, \ldots, x_\tau]$ richtig approximieren.

Im abschließenden Kapitel 5 werden wir die Funktionsweise des Algorithmus erklären und ein Beispiel präsentieren.

2 Einführung in die Theorie der Gröbnerbasen

In diesem Kapitel befassen wir uns mit den grundlegenden Begriffen zur Theorie der Gröbnerbasen, die für das weitere Verständnis dieser Arbeit von fundamentaler Bedeutung sind. Wir nehmen im Folgenden stets an, dass R ein Ring und K ein Körper sei.

2.1 Monomordnungen

Definition 1

(a) Sei $\alpha = (\alpha_1, \ldots, \alpha_\tau) \in \mathbb{N}_0^\tau$. Dann heißt $x^\alpha := x_1^{\alpha_1} x_2^{\alpha_2} \cdots x_\tau^{\alpha_\tau}$ ein **Monom** in $x_1, \ldots, x_\tau$.

(b) $R[x_1, \ldots, x_\tau] := \left\{ \sum_{\alpha \in A} c_\alpha x^\alpha \,\middle|\, c_\alpha \in R,\ A \subset \mathbb{N}_0^n,\ |A| < \infty \right\}$ heißt der **Polynomring** mit τ Variablen und Koeffizienten aus R.

(c) Sei $f = \sum_{\alpha \in A} c_\alpha x^\alpha \in R[x_1, \ldots, x_\tau]$. Dann heißt c_α der **Koeffizient** des Monoms x^α in f. Ist $c_\alpha \neq 0$, so heißt $c_\alpha x^\alpha$ ein **Term** in f.

Definition 2

Eine Relation $>$ auf $\mathbb{N}_0^\tau$ heißt **Monomordnung**, falls für beliebige $\alpha, \beta, \gamma \in \mathbb{N}_0^\tau$ folgende Bedingungen gelten:

(a) Es gilt genau eine der folgenden Aussagen: $\alpha > \beta,\ \beta > \alpha,\ \alpha = \beta$.

(b) Aus $\alpha > \beta$ folgt $\alpha + \gamma > \beta + \gamma$.

(c) $>$ ist eine **Wohlordnung**, d.h. jede nichtleere Teilmenge von $\mathbb{N}_0^\tau$ besitzt ein kleinstes Element bzgl. $>$.

Bemerkung 3

(a) Die Vorschrift $\alpha \longmapsto x^\alpha$ beschreibt eine Bijektion zwischen $\mathbb{N}_0^\tau$ und der Menge aller Monome in $x_1, \ldots, x_\tau$. Es lässt sich also jedes $\alpha \in \mathbb{N}_0^\tau$ eindeutig mit einem Monom x^α assoziieren.

(b) Ist $>$ eine Monomordnung, so sagen wir auch $x^\alpha > x^\beta$, falls $\alpha > \beta$ gilt.

Beispiel 4

Seien $\alpha = (\alpha_1, \ldots, \alpha_\tau), \beta = (\beta_1, \ldots, \beta_\tau) \in \mathbb{N}_0^\tau$ und $\omega : \mathbb{N}_0^\tau \to \mathbb{N}_0,\ (w_1, \ldots, w_\tau) \mapsto \sum_{i=1}^\tau w_i$.

(a) Dann heißt $\alpha > \beta$ bzgl. der **lexikografischen Monomordnung** mit $x_1 > \cdots > x_\tau$, falls $\alpha_i - \beta_i > 0$ gilt, wobei i der kleinste Index mit $\alpha_i - \beta_i \neq 0$ ist.

Für die lexikografische Monomordnung mit $x > y > z$ gelten damit beispielsweise $xy^2 > y^3z^4$ und $x^3y^3z^2 > x^3y^2z^4$.

(b) Wir nennen $\alpha > \beta$ bzgl. der **standardgewichteten lexikografischen Monomordnung**, falls entweder $\omega(\alpha) > \omega(\beta)$ oder $\omega(\alpha) = \omega(\beta)$ mit $\alpha > \beta$ bzgl. der lexikografischen Monomordnung gilt.

Für die standardgewichtete lexikografische Monomordnung mit $x > y > z$ gelten damit zum Beispiel $y^3z^4 > xy^2$ und $x^3y^3z^2 > x^3y^2z^4$.

Im Folgenden sei $>$ eine fest gewählte Monomordnung.

Definition 5

Seien $f, f_1, \dots, f_s$ nichttriviale Polynom in $R[x_1, \dots, x_\tau]$, wobei $f = \sum_{\alpha \in A} c_\alpha x^\alpha$ und $F \subset R[x_1, \dots, x_\tau]$.

(a) $\mathrm{M}(f) := \{x^\alpha \mid c_\alpha \neq 0\}$.

(b) $\mathrm{multideg}(f) := \max_{\alpha \in A} \alpha$ heißt der **Multigrad** von f. In diesem Fall ist das Maximum bzgl. der Monomordnung $>$ gemeint.

(c) $\mathrm{LC}(f) := a_{\mathrm{multideg}(f)}$ heißt der **Leitkoeffizient** von f.

(d) $\mathrm{LM}(f) := x^{\mathrm{multideg}(f)}$ heißt das **Leitmonom** von f.

(e) $\mathrm{LT}(f) := \mathrm{LC}(f)\,\mathrm{LM}(f) = a_{\mathrm{multideg}(f)} x^{\mathrm{multideg}(f)}$ heißt der **Leitterm** von f.

(f) $\mathrm{LM}(F) := \{\mathrm{LM}(g) \mid g \in F, g \neq 0\}$.

(g) $\mathrm{LT}(F) := \{\mathrm{LT}(g) \mid g \in F, g \neq 0\}$.

Beispiel 6

Es sei $>$ die lexikografische Monomordnung mit $x > y > z$ und $F = (f_1, f_2)$ mit $f_1 = 2xy^2 + 3yz$ und $f_2 = y^3z^2 + 4z^5 + 1 \in \mathbb{Q}[x, y]$. Dann gelten folgende Aussagen:

- $\mathrm{M}(f_1) = \{xy^2, yz\}$, $\mathrm{M}(f_2) = \{y^3z^2, z^5, 1\}$.
- $\mathrm{multideg}(f_1) = (1, 2, 0)$.
- $\mathrm{LC}(f_1) = 2$, $\mathrm{LM}(f_1) = xy^2$.
- $\mathrm{LM}(F) = \{\mathrm{LM}(f_1), \mathrm{LM}(f_2)\} = \{xy^2, y^3z^2\}$.

Für den Multigrad kann man leicht die folgenden Rechenregeln zeigen:

Proposition 7

Es seien $f, g \in R[x_1, \dots, x_\tau]$ mit $f, g \neq 0$. Dann gelten folgende Aussagen:

(a) $\mathrm{multideg}(fg) = \mathrm{multideg}(f) + \mathrm{multideg}(g)$.

(b) Es gelte $f+g \neq 0$. Dann gilt $\mathrm{multideg}(f+g) \leq \max\{\mathrm{multideg}(f), \mathrm{multideg}(g)\}$.

2.2 Polynomreduktionen

Definition 8

Seien $g, h, f_1, \ldots, f_s \in R[x_1, \ldots, x_\tau]$ und $F = (f_1, \ldots, f_s)$.

(a) g heißt **reduzibel** zu h bzgl. F, wenn ein $k \in \{1, \ldots, s\}$, $c \in R$ mit $c \neq 0$ und ein Monom u existieren, sodass folgende Bedingungen gelten:

   (i) c ist der Koeffizient des Monoms $u \cdot \mathrm{LM}(f_k)$ in g.

   (ii) $\mathrm{LC}(f_k) \in R^\times$, d.h. $\mathrm{LC}(f_k)$ ist eine Einheit in R.

   (iii) h lässt sich schreiben als

$$h = g - \frac{c}{\mathrm{LC}(f_k)} \cdot u \cdot f_k.$$

   In diesem Fall schreiben wir $g \underset{F}{\longrightarrow} h$.

(b) g heißt **nach endlich vielen Schritten reduzibel** zu h bzgl. F, wenn $g = h$ gilt oder wenn es ein $m \in \mathbb{N}$ und $q_0, \ldots, q_m \in R[x_1, \ldots, x_\tau]$ gibt, sodass

$$g = q_0 \underset{F}{\longrightarrow} q_1 \underset{F}{\longrightarrow} q_2 \underset{F}{\longrightarrow} \ldots \underset{F}{\longrightarrow} q_m = h.$$

   In diesem Fall schreiben wir $g \overset{*}{\underset{F}{\longrightarrow}} h$.

Bemerkung 9

Seien $g, h, f_1, \ldots, f_s \in R[x_1, \ldots, x_\tau]$ und $F = (f_1, \ldots, f_s)$.

(a) Es gelte $g \underset{F}{\longrightarrow} h$. Dann gilt $\mathrm{multideg}(g) \geq \mathrm{multideg}(u \cdot f_k)$, da $\mathrm{LM}(u \cdot f_k) = u \cdot \mathrm{LM}(f_k)$ ein Monom in g mit Koeffizient $c \neq 0$ ist. Mit Proposition 7 (b) folgt damit außerdem $\mathrm{multideg}(g) \geq \mathrm{multideg}(h)$.

(b) Die Relation $\underset{F}{\longrightarrow}$ ist **noethersch**, d.h. jede Folge $r_1, r_2, r_3, \ldots$ von Elementen in $R[x_1, \ldots, x_\tau]$, sodass für jedes i die Bedingung $r_i \underset{F}{\longrightarrow} r_{i+1}$ gilt, ist endlich. Dies liegt daran, dass der Multigrad bei der Reduktion nicht größer wird (siehe (a)) und dass die Monomordnung eine Wohlordnung ist.

(c) Es gelte $g \overset{*}{\underset{F}{\longrightarrow}} h$. Dann liefert die Definitionsvorschrift ein $m \in \mathbb{N}_0$ und $\sigma : \{1, \ldots, m\} \to \{1, \ldots, s\}$, sodass

$$h = g - \sum_{\ell=1}^{m} \frac{c_\ell}{\mathrm{LC}(f_{\sigma(\ell)})} \cdot u_\ell \cdot f_{\sigma(\ell)},$$

   wobei c_k der Koeffizient des Monoms $u_k \cdot \mathrm{LM}\left(f_{\sigma(k)}\right)$ in

$$F_k := g - \sum_{\ell=1}^{k-1} \frac{c_\ell}{\mathrm{LC}(f_{\sigma(\ell)})} \cdot u_\ell \cdot f_{\sigma(\ell)}$$

ist. Wir definieren

$$a_k := \sum_{\substack{\ell=1 \\ \sigma(\ell)=k}}^{m} \frac{c_\ell}{\mathrm{LC}(f_{\sigma(\ell)})} \cdot u_\ell$$

und bezeichnen mit $A_F(g,h)$ die Menge aller Tupel $(a_1,\dots,a_s)$, die wir durch diese Vorschrift erhalten. Aufgrund dieser Konstruktion gilt für jedes $a \in A_F(g,h)$ die Gleichung $a \cdot F = g - h$.

Da c_k der Koeffizient des Monoms $u_k \cdot \mathrm{LM}\left(f_{\sigma(k)}\right)$ in F_k ist, folgt mit Proposition 7 (b) außerdem, dass $a_k f_k \neq 0$ die Aussage $\mathrm{multideg}(a_k f_k) \leq \mathrm{multideg}(g)$ impliziert.

Beispiel 10

Es seien $F = (f_1, f_2)$ mit $f_1 = y^2 - 1$, $f_2 = xy - 1 \in R[x,y]$ und $g = x^2y + xy^2 + y^2 \in R[x,y]$. Außerdem sei die lexikografische Monomordnung mit $x > y$ gewählt.

Dann ist $x \cdot \mathrm{LM}(f_1) = xy^2$ ein Monom in g mit Koeffizient 1. Also gilt

$$g \xrightarrow[F]{} q_1 := g - \frac{1}{\mathrm{LC}(f_1)} \cdot x \cdot f_1 = x^2y + x + y^2.$$

Nun ist $x \cdot \mathrm{LM}(f_2) = x^2y$ ein Monom in q_1 mit Koeffizient 1. Also folgt

$$q_1 \xrightarrow[F]{} q_2 := q_1 - \frac{1}{\mathrm{LC}(f_2)} \cdot x \cdot f_2 = 2x + y^2.$$

Es ist außerdem $\mathrm{LM}(f_1) = y^2$ ein Monom in q_2 mit Koeffizient 1. Somit gilt

$$q_2 \xrightarrow[F]{} h := q_2 - \frac{1}{\mathrm{LC}(f_1)} \cdot f_1 = 2x + 1.$$

Wir erhalten also $g \xrightarrow[F]{*} h$ mit

$$\begin{aligned} h &= g - \frac{1}{\mathrm{LC}(f_1)} \cdot x \cdot f_1 - \frac{1}{\mathrm{LC}(f_2)} \cdot x \cdot f_2 - \frac{1}{\mathrm{LC}(f_1)} \cdot f_1 \\ &= g - (x+1) \cdot f_1 - x \cdot f_2, \end{aligned}$$

also erhalten wir die Zerlegung $g = (x+1) \cdot f_1 + x \cdot f_2 + h$ und damit ist $(x+1, x) \in A_F(g,h)$.

Man kann aber auch bei der Reduktion von g mit Polynomen aus F in einer anderen Reihenfolge stattdessen $g \xrightarrow[F]{*} \tilde{h} := x + y + 1$ mit der Zerlegung $g = f_1 + (x+y) \cdot f_2 + \tilde{h}$ erhalten, d.h. also $(1, x+y) \in A_F(g, \tilde{h})$.

Definition 11

Sei $g \in R[x_1,\dots,x_\tau]$ und F ein endliches Tupel mit Einträgen aus $R[x_1,\dots,x_\tau]$.

(a) Gibt es kein $h \in R[x_1, \ldots, x_\tau]$, sodass $g \underset{F}{\longrightarrow} h$ gilt, so heißt g **irreduzibel** bzgl. F.

(b) Gilt $g \overset{*}{\underset{F}{\longrightarrow}} h$ und h sei irreduzibel bzgl. F, so heißt h eine **Normalform** von g bzgl. F.

Bemerkung 12
Jedes Polynom besitzt eine Normalform, da $\underset{F}{\longrightarrow}$ eine noethersche Relation ist (siehe Bemerkung 9 (b)). Jedoch gibt es im Allgemeinen keine eindeutige Normalform (siehe Beispiel 14).

Der nächste Satz gibt eine Charakterisierung für die Irreduzibilität eines Polynoms an.

Satz 13
Sei $g \in R[x_1, \ldots, x_\tau]$, $F = (f_1, \ldots, f_s)$ mit $f_i \in R[x_1, \ldots, x_\tau]$ und $\mathrm{LC}(f_i) \in R^\times$ für $i = 1, \ldots, s$. Dann sind folgende Aussagen äquivalent:

(a) g ist irreduzibel bzgl. F.

(b) Kein Term von g liegt im von $\mathrm{LT}(F)$ erzeugten Ideal.

Beweis
Beweis von „$\neg(b) \Rightarrow \neg(a)$“
Es sei ax^α ein Term von g, der im von $\mathrm{LT}(F)$ erzeugten Ideal liegt. Dann gibt es ein $f_k \in F$, $c \in R$ mit $c \neq 0$ und ein Monom x^β, sodass $ax^\alpha = cx^\beta \cdot \mathrm{LT}(f_k)$ gilt. Also ist $a = c \cdot \mathrm{LC}(f_k) \neq 0$ der Koeffizient des Monoms $x^\alpha = x^\beta \cdot \mathrm{LM}(f_k)$ in g. Setzt man $h := g - \frac{a}{\mathrm{LC}(f_k)} \cdot x^\beta \cdot f_k$, so gilt $g \underset{F}{\longrightarrow} h$, d.h. g ist reduzibel zu h bzgl. F.

Beweis von „$\neg(a) \Rightarrow \neg(b)$“
Es sei g reduzibel zu h bzgl. F für ein $h \in R[x_1, \ldots, x_\tau]$. Dann gibt es ein $f_k \in F$, $c \in R$ mit $c \neq 0$ und ein Monom x^α, sodass $x^\alpha \cdot \mathrm{LT}(f_k)$ einem Monom in g mit Koeffizient c entspricht, d.h. $cx^\alpha \cdot \mathrm{LT}(f_k)$ ist ein Term in g. Dieser Term in g liegt im von $\mathrm{LT}(F)$ erzeugten Ideal. □

Beispiel 14
Seien $g = x^2y + xy^2 + y^2$ und $F = (y^2 - 1, xy - 1)$ wie im Beispiel 10. Wir haben gezeigt, dass $g \overset{*}{\underset{F}{\longrightarrow}} h$ und $g \overset{*}{\underset{F}{\longrightarrow}} \tilde{h}$ gelten, wobei $h = 2x + 1$ und $\tilde{h} = x + y + 1$. Mit Satz 13 folgt, dass h und $\tilde{h}$ zwei verschiedene Normalformen von g bzgl. F sind.

2.3 Gröbnerbasen

Definition 15

Seien F, G endliche Tupel mit Einträgen aus $K[x_1, \ldots, x_\tau]$ und I ein Ideal mit $I = (G)$. Dann heißt G eine **Gröbnerbasis** von I, wenn $g \xrightarrow[G]{*} 0$ für alle $g \in I$ gilt. Gilt zusätzlich $I = (F)$, so heißt G auch eine Gröbnerbasis von F.

Bemerkung 16

G ist also genau dann eine Gröbnerbasis von F ist, wenn 0 das einzige bzgl. F irreduzible Polynom in I ist.

Eine weitere Charakterisierung für Gröbnerbasen liefert der folgende Satz:

Satz 17

Seien $F = (f_1, \ldots, f_s)$ mit $f_1, \ldots, f_s \in K[x_1, \ldots, x_\tau]$ und $I \subset K[x_1, \ldots, x_\tau]$ ein Ideal mit $I = (F)$. Dann sind folgende Aussagen äquivalent:

(a) F ist eine Gröbnerbasis von I.

(b) Es gilt $(\mathrm{LT}(I)) = (\mathrm{LT}(F))$.

Beweis

Beweis von „$\neg(b) \Rightarrow \neg(a)$"

Es sei $(\mathrm{LT}(I)) \neq (\mathrm{LT}(F))$. Dann existiert ein $g \in I$, sodass $\mathrm{LT}(g)$ nicht in $(\mathrm{LT}(F))$ liegt. Damit ist jede Normalform von g bzgl. F nicht Null. Also ist F keine Gröbnerbasis von I.

Beweis von „$\neg(a) \Rightarrow \neg(b)$"

Es sei $g \in I$, sodass jede Normalform von g bzgl. F ungleich Null ist. Sei r eine solche Normalform. Da r ein bzgl. F irreduzibles Polynom in I ist, folgt mit Satz 13, dass $\mathrm{LT}(r) \notin (\mathrm{LT}(F))$. □

Beispiel 18

Für das folgende Beispiel sei die lexikografische Monomordnung mit $x > y > z$ gewählt. Es sei $F = (f_1, f_2, f_3)$ mit $f_1, f_2, f_3 \in K[x, y, z]$, wobei

$$f_1 = xz^2 - yz + y + z^2, \quad f_2 = -xz^2 + y^2, \quad f_3 = -xy + xz - x - y.$$

Sei außerdem $I \subset K[x, y, z]$ das von F erzeugte Ideal. Dann gilt. $\mathrm{LT}(f_1) = xz^2$, $\mathrm{LT}(f_2) = -xz^2$ und $\mathrm{LT}(f_3) = -xy$.
Wir betrachten $f_1 + f_2 = y^2 - yz + y + z^2 \in I$ und sehen, dass kein Term von $f_1 + f_2$ durch ein $\mathrm{LT}(f_k)$ teilbar ist. Nach Satz 17 ist F also keine Gröbnerbasis von I.

Bemerkung 19
In [1] werden Gröbnerbasen durch Aussage (b) aus Satz 17 definiert. Deshalb werden wir im Laufe dieser Arbeit auch auf Aussagen aus [1] zurückgreifen.

2.4 S-Polynome

Nun werden wir uns mit den S-Polynomen befassen, die so so konstruiert sind, dass diese für das Auslöschen von Leittermen verantwortlich sind.

Definition 20
Seien $f, g, g_1, \ldots, g_t$ Polynome in $R[x_1, \ldots, x_\tau]$, deren Leitkoeffizienten Einheiten in R sind.

(a) Seien $\text{multideg}(f) = \alpha$, $\text{multideg}(g) = \beta$ und $\gamma = (\gamma_1, \ldots, \gamma_n)$, wobei $\gamma_i = \max\{\alpha_i, \beta_i\}$. Dann heißt x^γ das **kleinste gemeinsame Vielfache** von $\text{LM}(f)$ und $\text{LM}(g)$ (Schreibweise: $\text{LCM}(\text{LM}(f), \text{LM}(g)) := x^\gamma$).

(b) Das Polynom
$$S(f, g) := \frac{x^\gamma}{\text{LT}(f)} \cdot f - \frac{x^\gamma}{\text{LT}(g)} \cdot g$$
heißt **S-Polynom** von f und g.

(c) Seien $G = (g_1, \ldots, g_t)$ und $i, j \in \{1, \ldots, t\}$ Indizes mit $i < j$ und es gelte $S(g_i, g_j) \xrightarrow[G]{*} 0$. Dann definieren wir
$$B_{i,j}^G := \{a - m_i e_i + m_j e_j \mid a \in A_G(S(g_i, g_j), 0)\}\text{, wobei}$$
$$m_i = \frac{\text{LCM}(\text{LM}(g_i), \text{LM}(g_j))}{\text{LT}(g_i)} \quad \text{und} \quad m_j = \frac{\text{LCM}(\text{LM}(g_i), \text{LM}(g_j))}{\text{LT}(g_j)}$$
gelten und wir mit e_k den k-ten Einheitsvektor bezeichnen.

Bemerkung 21
Seien $g_1, \ldots, g_t$ Polynome in $R[x_1, \ldots, x_\tau]$, deren Leitkoeffizienten Einheiten in R sind, und $G = (g_1, \ldots, g_t)$.

(a) Aufgrund der Konstruktion von $B_{i,j}^G$ gilt für jedes Element $b \in B_{i,j}^G$ die Bedingung $b \cdot G = 0$.

(b) Ist $R = K$ ein Körper, so besagt das Buchberger-Kriterium (siehe [1, Seite 85, Theorem 6]), dass G genau dann eine Gröbnerbasis ist, wenn $S(g_i, g_j) \xrightarrow[G]{*} 0$ für alle Indizes $i, j \in \{1, \ldots, t\}$ mit $i < j$ gilt.

(c) Mit dem Buchberger-Algorithmus (siehe [1, Seite 90, Theorem 2]) kann man für ein endliches Tupel von Polynomen aus $K[x_1, \ldots, x_\tau]$ eine Gröbnerbasis konstruieren.

Beispiel 22
Für das folgende Beispiel sei die lexikografische Monomordnung mit $x > y > z$ gewählt. Sei $G = (g_1, g_2, g_3)$ mit $g_1, g_2, g_3 \in K[x, y, z]$, wobei

$$g_1 = xy - xz + x + y, \quad g_2 = xz^2 - yz + y + z^2, \quad g_3 = y^2 - yz + y + z^2.$$

Dann gilt

$$\begin{aligned} S(g_1, g_2) &= z^2 \cdot g_1 - y \cdot g_2 = -xz^3 + xz^2 + y^2 z - y^2, \\ S(g_1, g_3) &= y \cdot g_1 - x \cdot g_3 = -xz^2 + y^2, \\ S(g_2, g_3) &= y^2 \cdot g_2 - xz^2 \cdot g_3 = xyz^3 - xyz^2 - xz^4 - y^3 z + y^3 + y^2 z^2. \end{aligned}$$

Wir können zeigen, dass $S(g_1, g_2)$, $S(g_1, g_3)$, $S(g_2, g_3) \xrightarrow[G]{*} 0$ gilt und die Reduktionsvorschrift folgende Zerlegungen liefert:

$$\begin{aligned} S(g_1, g_2) &= (-z + 1) \cdot g_2 + (z - 1) \cdot g_3, \\ S(g_1, g_3) &= -g_2 + g_3, \\ S(g_2, g_3) &= (z^3 - z^2) \cdot g_1 + (-2z - 1) \cdot g_2 + (-yz + y + 2z - 1) \cdot g_3. \end{aligned}$$

Also ist G nach dem Buchberger-Kriterium eine Gröbnerbasis und es gilt $a_{i,j} \in A_G\left(S(g_i, g_j), 0\right)$, wobei

$$\begin{aligned} a_{1,2} &:= (0, -z + 1, z - 1), \\ a_{1,3} &:= (0, -1, 1), \\ a_{2,3} &:= (z^3 - z^2,\ -2z + 1,\ -yz + y + 2z - 1) \end{aligned}$$

sind. Dies liefert uns folgende Elemente $s_{i,j} \in B^G_{i,j}$, wobei

$$\begin{aligned} s_{1,2} &:= a_{1,2} - z^2 e_1 + y \cdot e_2 = (-z^2, y - z + 1, z - 1), \\ s_{1,3} &:= a_{1,3} - y \cdot e_1 + x \cdot e_3 = (-y, -1, x + 1), \\ s_{2,3} &:= a_{2,3} - y^2 e_2 + xz^2 e_3 = (z^3 - z^2,\ -y^2 - 2z + 1,\ xz^2 - yz + y + 2z - 1). \end{aligned}$$

Man kann leicht nachrechnen, dass $s_{i,j} \cdot G = 0$ gilt.

2.5 Transformations- und Syzygiematrizen

Im Folgenden werden wir eine Beschreibung von Gröbnerbasen mithilfe von Matrizen angeben.

Proposition 23
Seien F ein endliches Tupel mit Einträgen aus $K[x_1, \ldots, x_\tau]$ und G eine Gröbnerbasis von F mit t Einträgen. Dann existieren Matrizen X, Y und R mit Einträgen aus $K[x_1, \ldots, x_\tau]$, sodass $G = X \cdot F$, $F = Y \cdot G$, $R \cdot G = 0$ und für je zwei Indizes $i, j \in \{1, \ldots, t\}$ mit $i < j$ ein Zeilenvektor in R existiert, dass einem Element in $B^G_{i,j}$ entspricht.

Beweis
Seien $F = (f_1, \ldots, f_s)$ und $G = (g_1, \ldots, g_t)$. Da F und G das gleiche Ideal erzeugen, existieren $q_{i,j}, r_{k,l} \in K[x_1, \ldots, x_\tau]$, sodass $f_i = q_{i,1}g_1 + \cdots + q_{i,t}g_t$ und $g_k = r_{k,1}f_1 + \cdots + r_{k,s}f_s$ gelten. Seien $X := (r_{i,j})$ und $Y := (q_{k,l})$. Dann gilt $G = X \cdot F$ und $F = Y \cdot G$. Die Existenz einer solchen Matrix R folgt aus Bemerkung 21. □

Definition 24
Seien F ein endliches Tupel mit Einträgen aus $K[x_1, \ldots, x_\tau]$ und G eine Gröbnerbasis von F. Sind X, Y und R Matrizen mit Einträgen aus $K[x_1, \ldots, x_\tau]$, die die Eigenschaften aus der Proposition 23 erfüllen, dann heißen X, Y **Transformationsmatrizen** und R **Syzygiematrix** von (F, G).

Die folgende Charakterisierung von Gröbnerbasen unterscheidet sich minimal vom Buchberger-Kriterium und wird an dieser Stelle lediglich zitiert:

Satz 25
Sei $G = (g_1, \ldots, g_t)^T$ mit $g_k \in K[x_1, \ldots, x_\tau]$. Dann ist G genau dann eine Gröbnerbasis, wenn für alle Indizes i, j mit $1 \leq i < j \leq t$ Polynome $a_1^{i,j}, \ldots, a_t^{i,j} \in K[x_1, \ldots, x_\tau]$ existieren, sodass folgende Bedingungen gelten:

(a) $S(g_i, g_j) = a_1^{i,j} g_1 + \cdots + a_t^{i,j} g_t$.

(b) $a_k^{i,j} g_k \neq 0$ impliziert $\text{multideg}(a_k^{i,j} g_k) \leq \text{multideg}(S(g_i, g_j))$.

Beweis
Siehe [1, Seite 104, Theorem 3]. □

Mit dem vorherigen Satz können wir nun Gröbnerbasen anhand von Matrizen charakterisieren, was der folgende Satz zeigt:

Satz 26
Sei $G = (g_1, \ldots, g_t)^T$ mit $g_k \in K[x_1, \ldots, x_\tau]$. Dann sind folgende Aussagen äquivalent:

(a) G ist eine Gröbnerbasis.

(b) Es existiert eine Matrix R mit Einträgen aus $K[x_1, \ldots, x_\tau]$ und Zeilen $s_{i,j}$, $1 \leq i < j \leq t$, mit folgenden Eigenschaften:

  (i) $R \cdot G = 0$.

  (ii) $s_{i,j} = a^{i,j} - m_i e_i + m_j e_j$,
  wobei $a^{i,j} = (a_1^{i,j}, \ldots, a_t^{i,j})$ mit $a_k^{i,j} \in K[x_1, \ldots, x_\tau]$,

$$m_i = \frac{\text{LCM}(\text{LM}(g_i), \text{LM}(g_j))}{\text{LT}(g_i)} \quad \text{und} \quad m_j = \frac{\text{LCM}(\text{LM}(g_i), \text{LM}(g_j))}{\text{LT}(g_j)}.$$

(iii) $a_k^{i,j} g_k \neq 0$ impliziert $\operatorname{multideg}(a_k^{i,j} g_k) \leq \operatorname{multideg}(S(g_i, g_j))$.

Beweis

Beweis von „(a) ⇒ (b)“

Sei G eine Gröbnerbasis. Nach Satz 25 existieren für alle Indizes i, j mit $1 \leq i < j \leq t$ Polynome $a_1^{i,j}, \dots, a_t^{i,j} \in K[x_1, \dots, x_\tau]$ existieren, sodass

- $S(g_i, g_j) = a_1^{i,j} g_1 + \cdots + a_t^{i,j} g_t$,
- $a_k^{i,j} g_k \neq 0$ impliziert $\operatorname{multideg}(a_k^{i,j} g_k) \leq \operatorname{multideg}(S(g_i, g_j))$.

Definiere $a^{i,j} := (a_1^{i,j}, \dots, a_t^{i,j})$ und $s_{i,j} := a - m_i e_i + m_j e_j$. Dann erfüllt eine Matrix R, die für alle Indizes i, j mit $1 \leq i < j \leq t$ die Vektoren $s_{i,j}$ als Zeilen enthält, offenbar die Bedingungen (i), (ii) und (iii).

Beweis von „(b) ⇒ (a)“

Sei R eine Matrix mit Einträgen aus $K[x_1, \dots, x_\tau]$ und Zeilen $s_{i,j}$, $1 \leq i < j \leq t$, die die Bedingungen (i), (ii) und (iii) erfüllen. Die Bedingungen (i) und (ii) implizieren

$$\begin{aligned} 0 &= a_1^{i,j} g_1 + \cdots + a_t^{i,j} g_t - m_i g_i + m_j g_j \\ &= a_1^{i,j} g_1 + \cdots + a_t^{i,j} g_t - S(g_i, g_j) \end{aligned}$$

und damit $S(g_i, g_j) = a_1^{i,j} g_1 + \cdots + a_t^{i,j} g_t$. Zusammen mit Bedingung (iii) folgt also, dass G gemäß Satz 25 eine Gröbnerbasis ist. □

Bemerkung 27

(a) Eine Syzygiematrix erfüllt die Bedingungen aus Satz 26.

(b) Definition 24 kann mit (a) wie folgt interpretiert werden:

- Die Transformationsmatrizen sind dafür verantwortlich, dass F und G das gleiche Ideal erzeugen.
- Die Syzygiematrix stellt sicher, dass G eine Gröbnerbasis darstellt.

Beispiel 28

Seien F, G wie in den Beispielen 18 und 22 gewählt. Es sei $>$ außerdem die lexikografische Monomordnung mit $x > y > z$. Dann gelten $G = X \cdot F$, $F = Y \cdot G$ und $R \cdot G = 0$, wobei

$$X = \begin{pmatrix} 0 & 0 & -1 \\ 1 & 0 & 0 \\ 1 & 1 & 0 \end{pmatrix}, \quad Y = \begin{pmatrix} 0 & 1 & 0 \\ 0 & -1 & 1 \\ -1 & 0 & 0 \end{pmatrix}$$

und

$$R = \begin{pmatrix} -z^2 & y - z + 1 & z - 1 \\ -y & -1 & x + 1 \\ z^3 - z^2 & -y^2 - 2z + 1 & xz^2 - yz + y + 2z - 1 \end{pmatrix}.$$

sind. Wir sehen, dass die Zeilen der Matrix R genau die Elemente $s_{i,j} \in B_{i,j}^G$ aus Beispiel 22 sind. Mit Satz 26 folgt, dass G eine Gröbnerbasis von F ist, X, Y Tranformationsmatrizen und R eine Syzygiematrix von (F, G) sind.

2.6 Reduzierte Gröbnerbasen

Aus Effizienzgründen ist es günstig, die Anzahl der Polynome einer Gröbnerbasis möglichst klein zu halten. Reduzierte Gröbnerbasen sind in diesem Sinne die idealen Gröbnerbasen.

Definition 29

Eine Gröbnerbasis $G = (g_1, \ldots, g_n)$ heißt **reduziert**, wenn für alle $k = 1, \ldots, n$ folgende Eigenschaften gelten:

(a) Es ist $g_k \in G$ irreduzibel bzgl. $G \setminus \{g_k\}$.

(b) Es gilt $\mathrm{LC}(g_k) = 1$.

Aus dem folgenden Satz folgt die Existenz und Eindeutigkeit der reduzierten Gröbnerbasis.

Satz 30

Sei $I \subset K[x_1, \ldots, x_r]$ ein nichttriviales Ideal. Dann besitzt I genau eine reduzierte Gröbnerbasis.

Beweis

Siehe [1, Seite 92, Proposition 6]. □

Beispiel 31

Wir wählen die lexikografische Monomordnung mit $x > y > z$ und betrachten die Gröbnerbasis $G = (g_1, g_2, g_3)$ aus Beispiel 22. Man kann leicht sehen, dass kein Term von g_i im von $\mathrm{LT}(G \setminus \{g_i\})$ erzeugten Ideal liegt. Mit Satz 13 folgt also, dass G eine reduzierte Gröbnerbasis ist.

3 Glückbringende Primzahlen

In diesem Kapitel werden wir uns mit glückbringenden Primzahlen p beschäftigen, die für den Informationserhalt beim Übergang der reduzierten Gröbnerbasis G in $\mathbb{Q}[x_1, \ldots, x_\tau]$ nach $\mathbb{F}_p[x_1, \ldots, x_\tau]$ verantwortlich sind.

Definition 32

Seien $m \in \mathbb{N}$ und p eine Primzahl.

(a) $\mathbb{Z}_{(p)} := \left\{ \frac{q}{r} \,\middle|\, q, r \in \mathbb{Z},\ p \nmid r \right\}$.

(b) $\mathcal{Z}_m := \mathbb{Z}/m\mathbb{Z}$.

Für $\mathbb{Z}_{(p)}$ kann man leicht die folgenden Eigenschaften zeigen:

Proposition 33

Sei p eine Primzahl. Dann ist $\mathbb{Z}_{(p)} \subset \mathbb{Q}$ ist ein Ring und die Menge der Einheiten von $\mathbb{Z}_{(p)}$ ist $\mathbb{Z}_{(p)}^\times = \left\{ \frac{q}{r} \,\middle|\, q, r \in \mathbb{Z},\ p \nmid q, r \right\}$.

Definition 34

Seien F ein endliches Tupel mit Einträgen aus $\mathbb{Q}[x_1, \ldots, x_\tau]$, G die reduzierte Gröbnerbasis von F und p eine Primzahl. Dann heißt p **glückbringend** für F, falls es Transformationsmatrizen X, Y und eine Syzygiematrix R von (F, G) gibt, sodass F, G, X, Y, R jeweils Matrizen mit Einträgen aus $\mathbb{Z}_{(p)}^\times[x_1, \ldots, x_\tau]$ sind.

Der folgende Satz beschreibt, wie sich im Falle einer glückbringenden Primzahl die reduzierten Gröbnerbasen in $\mathbb{Q}[x_1, \ldots, x_\tau]$ und $\mathbb{F}_p[x_1, \ldots, x_\tau]$ zueinander verhalten.

Satz 35

Sei $F = (f_1, \ldots, f_s)$ mit $f_i \in \mathbb{Q}[x_1, \ldots, x_\tau]$, $G = (g_1, \ldots, g_t)$ die reduzierte Gröbnerbasis von F in $\mathbb{Q}[x_1, \ldots, x_\tau]$. Außerdem sei p eine für F glückbringende Primzahl. Dann ist $G \pmod p$ die reduzierte Gröbnerbasis von $F \pmod p$ in $\mathbb{F}_p[x_1, \ldots, x_\tau]$.

Beweis

Da p eine für F glückbringende Primzahl ist, existieren Transformationsatrizen X, Y und eine Syzygiematrix R von (F, G) mit Einträgen aus $\mathbb{Z}_{(p)}^\times[x_1, \ldots, x_\tau]$. Dann existieren die Matrizen $\bar{F} := F \pmod p$, $\bar{G} := G \pmod p$, $\bar{X} := X \pmod p$, $\bar{Y} := Y \pmod p$ und $\bar{R} := R \pmod p$ in $\mathbb{F}_p[x_1, \ldots, x_\tau]$.
Da X und Y Transformationsatrizen von (F, G) sind, gelten $G = X \cdot F$ und $F = Y \cdot G$. Damit gelten in $\mathbb{F}_p[x_1, \ldots, x_\tau]$ die entsprechenden Gleichungen $\bar{G} = \bar{X} \cdot \bar{F}$ und $\bar{F} = \bar{Y} \cdot \bar{G}$, d.h. $\bar{F}$ und $\bar{G}$ erzeugen das gleiche Ideal in $\mathbb{F}_p[x_1, \ldots, x_\tau]$.

Da R eine Syzygiematrix ist, gilt $R \cdot G = 0$, somit auch $\bar{R} \cdot \bar{G} = 0$ und die Zeilen von R entsprechen den Elementen aus $B^G_{i,j}$, d.h. sie haben die Form $s_{i,j} := a^{i,j} - m_i g_i + m_j g_j$ mit $a^{i,j} = (a^{i,j}_1, \ldots, a^{i,j}_t) \in A_G(S(g_i, g_j), 0)$ und m_i, m_j wie in Bemerkung 21. Wegen $a^{i,j} \in A_G(S(g_i, g_j), 0)$ lässt sich $S(g_i, g_j)$ schreiben als

$$S(g_i, g_j) = \sum_{\ell=1}^{m} \frac{c_\ell}{\mathrm{LC}(g_{\sigma(\ell)})} \cdot u_\ell \cdot g_{\sigma(\ell)},$$

sodass folgende Aussagen gelten (vgl. Bemerkung 9 (c)):

- c_k ist der Koeffizient des Monoms $u_k \cdot \mathrm{LM}\left(g_{\sigma(k)}\right)$ in

$$F_k := S(g_i, g_j) - \sum_{\ell=1}^{k-1} \frac{c_\ell}{\mathrm{LC}(g_{\sigma(\ell)})} \cdot u_\ell \cdot g_{\sigma(\ell)}.$$

- Es ist

$$a^{i,j}_k = \sum_{\substack{\ell=1 \\ \sigma(\ell)=k}}^{m} \frac{c_\ell}{\mathrm{LC}(g_{\sigma(\ell)})} \cdot u_\ell.$$

Wir wollen nun zeigen, dass $c_\ell \in \mathbb{Z}_{(p)}$ für alle $\ell = 1, \ldots, m$ gilt. Dies wollen wir per Indunktion nach m beweisen.

Induktionsanfang ($m = 1$)

Weil p für F glückbringend ist, gilt $g_i, g_j \in \mathbb{Z}_{(p)}[x_1, \ldots, x_\tau]$. Daraus folgt $F_1 = S(g_i, g_j) \in \mathbb{Z}_{(p)}[x_1, \ldots, x_\tau]$. Da außerdem c_1 einem Koeffizienten in $S(g_i, g_j)$ entspricht, folgt also $c_1 \in \mathbb{Z}_{(p)}$.

Induktionsschritt ($m \to m + 1$)

Nach der Induktionshypothese gilt $c_1, \ldots, c_m \in \mathbb{Z}_{(p)}$. Wir haben auch festgestellt, dass $S(g_i, g_j) \in \mathbb{Z}_{(p)}[x_1, \ldots, x_\tau]$ gilt. Damit folgt also $F_{m+1} \in \mathbb{Z}_{(p)}[x_1, \ldots, x_\tau]$. Da c_{m+1} ein Koeffizient in F_{m+1} ist, folgt schließlich $c_{m+1} \in \mathbb{Z}_{(p)}$.

Mit dieser Behauptung erhalten wir in $\mathbb{F}_p[x_1, \ldots, x_\tau]$ die entsprechende Gleichung

$$S(\bar{g}_i, \bar{g}_j) = \sum_{\ell=1}^{m} \frac{\bar{c}_\ell}{\mathrm{LC}(\bar{g}_{\sigma(\ell)})} \cdot u_\ell \cdot \bar{g}_{\sigma(\ell)},$$

sodass folgende Aussagen gelten:

- $\bar{c}_k$ ist der Koeffizient des Monoms $u_k \cdot \mathrm{LM}\left(\bar{g}_{\sigma(k)}\right)$ in

$$\bar{F}_k := S(\bar{g}_i, \bar{g}_j) - \sum_{\ell=1}^{k-1} \frac{\bar{c}_\ell}{\mathrm{LC}(\bar{g}_{\sigma(\ell)})} \cdot u_\ell \cdot \bar{g}_{\sigma(\ell)}.$$

- Es ist
$$\bar{a}_k^{i,j} = \sum_{\substack{\ell=1 \\ \sigma(\ell)=k}}^{m} \frac{\bar{c}_\ell}{\mathrm{LC}(\bar{g}_{\sigma(\ell)})} \cdot u_\ell.$$

Da $\bar{c}_k$ der Koeffizient des Monoms $u_k \cdot \mathrm{LM}\left(\bar{g}_{\sigma(k)}\right)$ in $\bar{F}_k$ ist, folgt mit Proposition 7 (b), dass $\bar{a}_k^{i,j}\bar{g}_k \neq 0$ die Aussage $\mathrm{multideg}(\bar{a}_k^{i,j}\bar{g}_k) \leq \mathrm{multideg}(S(\bar{g}_i, \bar{g}_j))$ impliziert.
Es sind zudem $\bar{s}_{i,j} = \bar{a}^{i,j} - \bar{m}_i\bar{g}_i + \bar{m}_j\bar{g}_j$ die Zeilen der Matrix $\bar{R}$ in $\mathbb{F}_p[x_1, \ldots, x_\tau]$, wobei
$$\bar{m}_i = \frac{\mathrm{LCM}(\mathrm{LM}(\bar{g}_i), \mathrm{LM}(\bar{g}_j))}{\mathrm{LT}(\bar{g}_i)} \quad \text{und} \quad \bar{m}_j = \frac{\mathrm{LCM}(\mathrm{LM}(\bar{g}_i), \mathrm{LM}(\bar{g}_j))}{\mathrm{LT}(\bar{g}_j)}$$
gilt.[1] Mit Satz 26 folgt schließlich, dass $\bar{G} = (\bar{g}_1, \ldots, \bar{g}_t)$ die reduzierte Gröbnerbasis von $\bar{F}$ ist. □

Bemerkung 36

Sei F ein endliches Tupel mit Einträgen aus $\mathbb{Q}[x_1, \ldots, x_\tau]$ und G die reduzierte Gröbnerbasis von F. Seien außerdem X, Y Transformationsmatrizen und R eine Syzygiematrix von (F, G). Dann gibt es nur endlich viele Primzahlen p, sodass mindestens eine der Matrizen F, G, X, Y, R keine Matrix mit Einträgen aus $\mathbb{Z}_{(p)}^{\times}[x_1, \ldots, x_\tau]$ ist. Das liegt daran, dass es insgesamt nur endlich viele Matrixeinträge, damit nur endlich viele Koeffizienten in den Polynomen und aufgrund der Primfaktorzerlegung auch nur endlich viele Primfaktoren in den Koeffizienten gibt. Also sind fast alle Primzahlen für F glückbringend.

Beispiel 37

Für dieses Beispiel sei die standardgewichtete lexikografische Monomordnung mit $x < y$ gewählt und $F = (x^2 + 9x^2 - y, xy + 4x^2 + 3x) \in \mathbb{Q}[x, y]^2$. Dann ist
$$G = \begin{pmatrix} x^3 - \frac{3}{2}x^2 + \frac{1}{4}y \\ y^2 - 16x^2 + 3y - 12x \\ xy + 4x^2 + 3x \end{pmatrix}$$
die reduzierte Gröbnerbasis von F mit Transformationsmatrizen
$$X = \begin{pmatrix} -\frac{1}{4} & \frac{1}{4}x \\ -y - 4x - 3 & xy + 9x - 4 \end{pmatrix}, \quad Y = \begin{pmatrix} -4 & 0 & x \\ 0 & 0 & 1 \end{pmatrix}$$
und Syzygiematrix
$$R = \begin{pmatrix} -y^2 + 16x^2 + 24x + 9 & x^3 + \frac{1}{4}y - \frac{3}{4} & -\frac{3}{2}xy + 3x^2 + \frac{9}{2}x - 3 \\ -y - 4x - 3 & \frac{1}{4} & x^2 - \frac{3}{2}x + 1 \\ 0 & -x & y - 4x \end{pmatrix}.$$

[1] Wir haben sogar gezeigt, dass $\bar{R}$ eine Syzygiematrix ist.

Wir bemerken, dass F, G, X, Y, R jeweils Matrizen mit Einträgen aus $\mathbb{Z}_{(5)}^{\times}[x,y]$ sind. Also ist 5 eine für F glückbringende Primzahl und die reduzierte Gröbnerbasis von

$$\bar{F} = F \pmod 5 = \begin{pmatrix} x^2y + 4x^2 + 4y \\ xy + 4x^2 + 3x \end{pmatrix} \in \mathbb{F}_5[x,y]^2$$

ist nach dem Satz 35 gegeben durch

$$\bar{G} = G \pmod 5 = \begin{pmatrix} x^3 + x^2 + 4y \\ y^2 + 4x^2 + 3y + 3x \\ xy + 4x^2 + 3x \end{pmatrix}.$$

Anhand des Beweises von Satz 35 sieht man auch, dass

$$\bar{X} = X \pmod 5 = \begin{pmatrix} 1 & 4x \\ 4y + x + 2 & xy + 4x + 1 \end{pmatrix},$$

$$\bar{Y} = Y \pmod 5 = \begin{pmatrix} 1 & 0 & x \\ 0 & 0 & 1 \end{pmatrix}$$

Transformationsmatrizen und

$$\bar{R} = R \pmod 5 = \begin{pmatrix} 4y^2 + x^2 + 4x + 4 & x^3 + 4y + 3 & xy + 3x^2 + 2x + 2 \\ 4y + x + 2 & 4 & x^2 + x + 1 \\ 0 & 4x & y + x \end{pmatrix}$$

eine Syzygiematrix von $(\bar{F}, \bar{G})$ sind.

4 Lifting von Gröbnerbasen

In diesem Abschnitt werden wir uns mit Liftingfolgen und ihren Eigenschaften beschäftigen. Die Hauptresultate in diesem Kapitel sind die Existenz (Satz 41) und Eindeutigkeit (Satz 44) geeigneter Liftingfolgen, die eine richtige Lösung des Gleichungssystems in Kapitel 5 garantiert.

Definition 38

Sei A eine Matrix mit Einträgen aus $\mathcal{Z}_{p^i}[x_1, \dots, x_\tau]$. Dann heißt eine Matrix $\tilde{A}$ mit Einträgen aus $\mathcal{Z}_{p^{i+1}}[x_1, \dots, x_\tau]$ ein **Lift** von A nach $\mathcal{Z}_{p^{i+1}}$, falls $A \equiv \tilde{A} \pmod{p^i}$.

Definition 39

Sei $F \in \mathbb{Q}[x_1, \dots, x_\tau]^m$, p eine für F glückbringende Primzahl. Außerdem seien $G^{(0)} \in \mathbb{F}_p[x_1, \dots, x_\tau]^n$ die reduzierte Gröbnerbasis von $\bar{F} := F \pmod{p}$, $Y^{(0)}$ eine Transformationsmatrix mit $Y^{(0)} \cdot G^{(0)} \equiv F \pmod{p}$ und $R^{(0)}$ eine Syzygiematrix von $(\bar{F}, G^{(0)})$. Seien weiter $t \in \mathbb{N}$ und $G^{(i)}$, $Y^{(i)}$, $R^{(i)}$ Matrizen mit Einträgen in $\mathcal{Z}_{p^{i+1}}[x_1, \dots, x_\tau]$.

(a) Dann heißt heißt $L = \left((G^{(i)}, Y^{(i)}, R^{(i)})\right)_{0 \leq i < t}$ eine **Liftingfolge** von F modulo p, falls für alle $i = 1, \dots, t$ folgende Bedingungen erfüllt sind:

   (i) Es ist
   $$Y^{(i-1)} \cdot G^{(i-1)} \equiv F, \quad R^{(i-1)} \cdot G^{(i-1)} \equiv 0 \pmod{p^i}.$$

   (ii) Für $i > 1$ gilt
   $$G^{(i-1)} \equiv G^{(i-2)}, \quad Y^{(i-1)} \equiv Y^{(i-2)}, \quad R^{(i-1)} \equiv R^{(i-2)} \pmod{p^{i-1}}.$$

   (iii) Die Einträge von $G^{(i-1)} = \left(g_1^{(i-1)}, \dots, g_n^{(i-1)}\right)$ sind **normiert**, d.h. $\mathrm{LC}(g_k^{(i-1)}) = 1$ für $k = 1, \dots, n$.

   (iv) Für $i > 1$ und $k = 1, \dots, n$ gilt $\mathrm{LM}(g_k^{(i-1)}) = \mathrm{LM}(g_k^{(i-2)})$.

(b) Für $0 \leq j < t$ heißt einc Liftingfolge $L = \left((G^{(i)}, Y^{(i)}, R^{(i)})\right)_{0 \leq i < t}$ zu j **hochreduzierend**, wenn für alle $i = 0, \dots, j$ und r, s mit $1 \leq r < s \leq n$ eine Zeile von $R^{(i)}$ existiert, die einem Element aus $B_{r,s}^{G^{(i)}}$ entspricht.

Das folgende Lemma werden wir später in einigen Sätzen verwenden:

Lemma 40

Es sei $G = (g_1, \dots, g_n)$ eine reduzierte Gröbnerbasis in $\mathbb{Q}[x_1, \dots, x_\tau]$, p eine für G glückbringende Primzahl und $G^{(0)} = (g_1^{(0)}, \dots, g_n^{(0)})$ die reduzierte Gröbnerbasis von G in $\mathbb{F}_p[x_1, \dots, x_\tau]$. Außerdem sei $h \in (G) \cap \mathbb{Z}_{(p)}[x_1, \dots, x_\tau]$ und $i \in \mathbb{N}$, sodass jeder Koeffizient von h ein Vielfaches von p^{i-1} ist. Dann ist $\frac{h}{p^{i-1}} \in \left(G^{(0)}\right)$.

Beweis

Da jeder Koeffizient von h ein Vielfaches von p^{i-1} ist, existiert ein Polynom $q \in \mathbb{Z}_{(p)}[x_1, \dots, x_\tau]$ mit $h = p^{i-1} \cdot q$ und damit $\frac{h}{p^{i-1}} \equiv q \pmod{p}$. Es ist $q \in (G)$, weil $h \in (G)$ gilt. Nun folgt somit außerdem $q \xrightarrow[G]{*} 0$, da G eine Gröbnerbasis ist. Die Reduktionsvorschrift liefert uns Polynome $a_1, \dots, a_n \in \mathbb{Z}_{(p)}[x_1, \dots, x_\tau]$, sodass $q = a_1 g_1 + \dots, a_n g_n$ (vgl. Induktionsbeweis von Satz 35). Damit folgt in $\mathbb{F}_p[x_1, \dots, x_\tau]$ die Gleichung $\bar{q} = \bar{a}_1 g_1^{(0)} + \dots, \bar{a}_n g_n^{(0)}$, wobei $\bar{q} := q \pmod{p}$ und $\bar{a}_k := a_k \pmod{p}$. Also folgt $\bar{q} \in (G^{(0)})$ und wegen $\frac{h}{p^{i-1}} \equiv q \pmod{p}$ auch $\frac{h}{p^{i-1}} \in (G^{(0)})$. □

Der folgende Satz besagt, dass es eine Liftingfolge gibt, die die reduzierte Gröbnerbasis G in $\mathbb{Q}[x_1, \dots, x_\tau]$ richtig approximiert und in den Folgengliedern $G^{(i)}$ keine neuen Monome auftreten oder verloren gehen.

Satz 41

Seien $F \in \mathbb{Q}[x_1, \dots, x_\tau]^m$, p eine für F glückbringende Primzahl und $G \in \mathbb{Q}[x_1, \dots, x_\tau]^n$ die reduzierte Gröbnerbasis von F. Es seien außerdem $G^{(0)} \in \mathbb{F}_p[x_1, \dots, x_\tau]^n$ die reduzierte Gröbnerbasis von $\bar{F} := F \pmod{p}$, $Y^{(0)}$ eine Transformationsmatrix mit $Y^{(0)} \cdot G^{(0)} \equiv F \pmod{p}$ und $R^{(0)}$ eine Syzygiematrix von $(\bar{F}, G^{(0)})$. Dann existiert für jedes $i \in \mathbb{N}$ und $j = 1, \dots, i$ Matrizen $G^{(j-1)}$, $Y^{(j-1)}$, $R^{(j-1)}$ mit Einträgen aus $\mathcal{Z}_{p^j}[x_1, \dots, x_\tau]$, sodass folgende Aussagen gelten:

(a) $L = \left((G^{(j)}, Y^{(j)}, R^{(j)})\right)_{0 \le j < i}$ ist eine Liftingfolge von F modulo p.

(b) Es ist $G^{(j-1)} = G \pmod{p^j}$ für alle $j = 1, \dots, i$.

(c) Für alle $j = 2, \dots, i$ und $k = 1, \dots, n$ gilt $\mathrm{M}(g_k^{(j-1)}) = \mathrm{M}(g_k^{(j-2)})$.

Beweis

Da die Teilaussagen (b) und (c) bereits ein paar Bedingungen für die Definition von Liftingfolgen erfüllen, müssen wir für (a) nur noch folgende Aussagen zeigen:

(a-i) Es gilt

$$Y^{(j-1)} \cdot G^{(j-1)} \equiv F, \quad R^{(j-1)} \cdot G^{(j-1)} \equiv 0 \pmod{p^j}.$$

(a-ii) Für alle $j = 2, \dots, i$ gilt

$$Y^{(j-1)} \equiv Y^{(j-2)}, \; R^{(j-1)} \equiv R^{(j-2)} \pmod{p^{j-1}}.$$

Wir beweisen die Aussagen per Induktion nach i.

Induktionsanfang ($i = 1$)

Die Aussagen (a-ii) und (c) muss man für den Fall $i = 1$ nicht berücksichtigen. Die Aussage (a-i) gilt bereits nach Voraussetzung , d.h. es folgt (a). Mit Satz 35 folgt außerdem Aussage (b).

Induktionsschritt ($i - 1 \to i$)

Für $i-1$ und $j = 1, \ldots, i-1$ existieren gemäß der Induktionshypothese Matrizen $G^{(j-1)}$, $Y^{(j-1)}$, $R^{(j-1)}$ mit Einträgen aus $\mathcal{Z}_{p^j}[x_1, \ldots, x_\tau]$, sodass die Aussagen (a) bis (c) gelten.

Wir definieren zunächst $G^{(i)} := G \pmod{p^{i+1}}$. Damit folgt bereits Aussage (b) und mit der Induktionshypothese auch (c).

Als Nächstes wollen wir Matrizen $Y^{(i-1)}, R^{(i-1)}$ finden, die die Bedingungen (a-i) und (a-ii) erfüllen. Seien dazu $\tilde{Y}^{(i-2)}$ und $\tilde{R}^{(i-2)}$ Lifts von $Y^{(i-2)}$ und $R^{(i-2)}$ nach $\mathcal{Z}_{p^i}$. Die Aussage (a-ii) verlangt also, dass wir Matrizen Y', R' mit Einträgen aus $\mathbb{F}_p[x_1, \ldots, x_\tau]$ finden müssen, sodass

$$Y^{(i-1)} = \tilde{Y}^{(i-2)} + p^{i-1} \cdot Y' \quad \text{und} \quad R^{(i-1)} = \tilde{R}^{(i-2)} + p^{i-1} \cdot R'$$

gelten. Die erste Gleichung in der Bedingung (a-i) verlangt, dass Y' die Gleichung

$$F \equiv Y^{(i-1)} \cdot G^{(i-1)} \equiv \tilde{Y}^{(i-2)} \cdot G^{(i-1)} + p^{i-1} \cdot Y' \cdot G^{(i-1)} \pmod{p^i}$$

erfüllen muss. Diese Gleichung ist äquivalent zu

$$F - \tilde{Y}^{(i-2)} \cdot G^{(i-1)} \equiv p^{i-1} \cdot Y' \cdot G^{(i-1)} \pmod{p^i}. \tag{1}$$

Mit Bedingung (c) für $i - 1$ kann man den Term auf der rechten Seite der Gleichung (1) umschreiben zu

$$p^{i-1} \cdot Y' \cdot G^{(i-2)} \equiv p^{i-1} \cdot Y' \cdot G^{(0)} \pmod{p^i}$$

Die linke Seite der Gleichung (1) entspricht aufgrund der Bedingung (c) für $i-1$ hingegen einem Tupel $\left(h_1^{(i-1)}, \ldots, h_m^{(i-1)}\right)^T$, wobei

$$h_k^{(i-1)} = h_k \pmod{p^i} \text{ und } h_k \in (G) \cap \mathbb{Z}_{(p)}[x_1, \ldots, x_\tau].$$

Mit Bedingung (a) für $i - 1$ folgt, dass die linke Seite der Gleichung (1) und damit auch die Koeffizienten der Polynome h_k Vielfache von p^{i-1} sind. Somit folgt einerseits mit Lemma 40, dass $h_k^{(i-1)}/p^{i-1} \in (G^{(0)})$ gilt. Andererseits lässt sich die Gleichung (1) mit diesem Argument vereinfachen zu

$$\frac{1}{p^{i-1}} \cdot \begin{pmatrix} h_1^{(i-1)} \\ \vdots \\ h_m^{(i-1)} \end{pmatrix} \equiv Y' \cdot G^{(0)} \pmod{p}.$$

Da $h_k^{(i-1)}/p^{i-1} \in (G^{(0)})$ gilt, ist $h_k^{(i-1)}/p^{i-1}$ nach endlich vielen Schritten reduzibel zu 0 bzgl. $G^{(0)}$. Dann erfüllt Y' unsere gesuchten Anforderungen, wenn man die Elemente aus $A_{G^{(0)}}\big(h_k^{(i-1)}/p^{i-1}, 0\big)$ als Zeilen für Y' wählt.

Nun wollen wir unsere Matrix R' berechnen. Wegen der zweiten Gleichung in Bedingung (a) muss R' die Gleichung

$$0 \equiv R^{(i-1)} \cdot G^{(i-1)} \equiv \tilde{R}^{(i-2)} \cdot G^{(i-1)} + p^{i-1} \cdot R' \cdot G^{(i-1)} \pmod{p^i}$$

erfüllen. Stellen wir diese Gleichung um, erhalten wir

$$\tilde{R}^{(i-2)} \cdot G^{(i-1)} \equiv -p^{i-1} \cdot R' \cdot G^{(i-1)} \pmod{p^i}. \tag{2}$$

Mit den gleichen Argumenten wie bei der Bestimmung von Y' lässt sich die Gleichung (2) umschreiben zu

$$\frac{1}{p^{i-1}} \cdot \begin{pmatrix} r_1^{(i-1)} \\ \vdots \\ r_l^{(i-1)} \end{pmatrix} \equiv -R' \cdot G^{(0)} \pmod{p},$$

wobei $r_k^{(i-1)}/p^{i-1} \in (G^{(0)})$ ist. Damit können wir für R' die Matrix wählen, die die Elemente aus $A_{G^{(0)}}\big(-r_k^{(i-1)}/p^{i-1}, 0\big)$ als Zeilen enthält. □

Bemerkung 42

Sei $\tilde{G}^{(i-2)}$ ein Lift von $G^{(i-2)}$ nach $\mathcal{Z}_{p^i}$ und G' eine Matrix mit Einträgen aus $\mathbb{F}_p[x_1, \ldots, x_\tau]$, sodass $G^{(i-1)} = \tilde{G}^{(i-2)} + p^{i-1} \cdot G' = G \pmod{p^i}$. Aus dem Beweis beobachten wir, dass G', Y', R', die die Matrizen $G^{(i-1)}$, $Y^{(i-1)}$, $R^{(i-1)}$ bestimmen, die Gleichungen

$$G^{(0)} \cdot Y' + Y^{(0)} \cdot G' \equiv \frac{1}{p^{i-1}} \cdot (F - \tilde{Y}^{(i-2)} \cdot \tilde{G}^{(i-2)}) \pmod{p}$$
$$G^{(0)} \cdot R' + R^{(0)} \cdot G' \equiv \frac{1}{p^{i-1}} \cdot (-\tilde{R}^{(i-2)} \cdot \tilde{G}^{(i-2)}) \pmod{p}$$

erfüllen.

Beispiel 43

Wir setzen das Beispiel 37 fort und setzen $G^{(0)} := \bar{G}$, $Y^{(0)} := \bar{Y}$ und $R^{(0)} := \bar{R}$. Nun wollen wir Matrizen $G^{(1)}$, $Y^{(1)}$ und $R^{(1)}$ finden, sodass die Bedingungen aus Satz 41 gelten.
Wir definieren

$$G^{(1)} := G \pmod{5^2} = \begin{pmatrix} x^3 + 11x^2 + 19y \\ y^2 + 9x^2 + 3y + 13x \\ xy + 4x^2 + 3x \end{pmatrix}.$$

Wählen wir

$$\tilde{Y}^{(0)} = \begin{pmatrix} 1 & 0 & x \\ 0 & 0 & 1 \end{pmatrix}$$

als Lift von $Y^{(0)}$ nach $\mathcal{Z}_{25}$ und werten den Ausdruck auf der linken Seite der Gleichung (1) aus, so erhalten wir

$$F - \tilde{Y}^{(0)} \cdot G^{(1)} \equiv 5 \cdot \begin{pmatrix} -x^3 - x^2 - 4y \\ 0 \end{pmatrix} = 5 \cdot \begin{pmatrix} h_1 \\ h_2 \end{pmatrix} \pmod{25}.$$

Die Polynome $h_1, h_2 \in \mathbb{F}_5[x, y]$ sind nach dem Beweis reduzibel bzgl. $G^{(0)}$. Nun berechnen wir $(-1, 0, 0) \in A_{G^{(0)}}(h_1, 0)$ und $(0, 0, 0) \in A_{G^{(0)}}(h_2, 0)$. Setzen wir

$$Y' := \begin{pmatrix} -1 & 0 & 0 \\ 0 & 0 & 0 \end{pmatrix},$$

so erhalten wir schließlich

$$Y^{(1)} := Y^{(0)} + 5 \cdot Y' = \begin{pmatrix} -4 & 0 & x \\ 0 & 0 & 1 \end{pmatrix}.$$

Wählen wir

$$\tilde{R}^{(0)} = \begin{pmatrix} 4y^2 + x^2 + 4x + 4 & x^3 + 4y + 3 & xy + 3x^2 + 2x + 2 \\ 4y + x + 2 & 4 & x^2 + x + 1 \\ 0 & 4x & y + x \end{pmatrix}$$

als Lift von $R^{(0)}$ nach $\mathcal{Z}_{25}$, so kann man auf analoge Weise mit Gleichung (2)

$$R' = \begin{pmatrix} 2x^2 + 2 & -y & -x^2y - x^3 + xy + 2x^2 + x + 2 \\ -2x + 2 & -1 & -x^2 + x - 1 \\ 0 & 0 & -y - 2x \end{pmatrix}$$

bestimmen und erhält schließlich

$$\begin{aligned} R^{(1)} &:= R^{(0)} + 5 \cdot R' \\ &= \begin{pmatrix} 4y^2 + 11x^2 + 4x + 14 & x^3 - y + 3 & -5x^2y - 5x^3 + 6xy + 13x^2 + 7x + 12 \\ 4y - 9x + 12 & -1 & -4x^2 + 6x - 4 \\ 0 & 4x & -4y - 9x \end{pmatrix}. \end{aligned}$$

Man kann leicht nachprüfen, dass $\big((G^{(0)}, Y^{(0)}, R^{(0)}), (G^{(1)}, Y^{(1)}, R^{(1)})\big)$ eine Liftingfolge von F modulo 5 darstellt.

Nun werden wir beweisen, dass die Folgenglieder $G^{(i)}$ einer Liftingfolge die gesuchte reduzierte Gröbnerbasis G tatsächlich korrekt annähern. Die folgenden Beweise sind aufgrund der Tatsache, dass wir uns nur mit Gröbnerbasen in Polynomringen über Körpern (und nicht über Ringe) befasst haben, sehr technisch.

Satz 44

Seien $F \in \mathbb{Q}[x_1, \ldots, x_\tau]^m$, $G \in \mathbb{Q}[x_1, \ldots, x_\tau]^n$ die reduzierte Gröbnerbasis von F, p eine für F glückbringende Primzahl und $i \geq 0$. Es seien außerdem $L = (G^{(j)}, Y^{(j)}, R^{(j)})_{0 \leq j < i+1}$ eine Liftingfolge von F modulo p und $G^{(j)} = (g_1^{(j)}, \ldots, g_n^{(j)})$. Dann gelten folgende Aussagen:

(a) Es gilt $S(g_r^{(i)}, g_s^{(i)}) \xrightarrow[G^{(i)}]{*} 0$ für alle Indizes r, s mit $1 \leq r < s \leq n$.

(b) Jedes Polynom $h \in (G^{(i)}) \subset \mathcal{Z}_{p^{i+1}}[x_1, \ldots, x_\tau]$ ist reduzibel bzgl. $G^{(i)}$.

(c) $F \pmod{p^{i+1}}$ und $G^{(i)}$ erzeugen das gleiche Ideal in $\mathcal{Z}_{p^{i+1}}[x_1, \ldots, x_\tau]$.

(d) $G^{(i)} = G \pmod{p^{i+1}}$.

Beweis

(a) Ist L eine zu i hochreduzierende Liftingfolge, so folgt für alle Indizes r, s mit $1 \leq r < s \leq n$ insbesondere $B_{r,s}^{G^{(i)}} \neq \emptyset$, also auch $S(g_r^{(i)}, g_s^{(i)}) \xrightarrow[G^{(i)}]{*} 0$.

Falls L nicht zu i hochreduzierend ist, so sei j der kleinste Index mit $1 \leq j \leq i$, sodass keine Zeile von $R^{(j)}$ einem Element von $B_{r,s}^{G^{(j)}}$ entspricht, wobei r, s zwei Indizes mit $1 \leq r < s \leq n$ sind.

Seien r, s mit $1 \leq r < s \leq n$. Dann gibt es ein $\nu \in \mathbb{N}$, sodass die ν-te Zeile in $R^{(j-1)}$ einem Element $B_{r,s}^{G^{(j-1)}}$ entspricht, also einem Element der Form $a_{r,s}^{(j-1)} - m_r e_r + m_s e_s$, wobei $a_{r,s}^{(j-1)} = (a_{r,s,1}^{(j-1)}, \ldots, a_{r,s,n}^{(j-1)})$ ein Element in $A_{G^{(j-1)}}(S(g_r^{(j-1)}, g_s^{(j-1)}), 0)$ ist,

$$m_r = \frac{\mathrm{LCM}(\mathrm{LM}(g_r^{(j-1)}), \mathrm{LM}(g_s^{(j-1)}))}{\mathrm{LT}(g_r^{(j-1)})},$$

$$m_s = \frac{\mathrm{LCM}(\mathrm{LM}(g_r^{(j-1)}), \mathrm{LM}(g_s^{(j-1)}))}{\mathrm{LT}(g_s^{(j-1)})}.$$

Weiter sind die Einträge von $a_{r,s}^{(j-1)}$ von der Form

$$a_{r,s,k}^{(j-1)} = \sum_{\substack{\ell=1 \\ \sigma(\ell)=k}}^{d} \frac{c_\ell^{(j-1)}}{\mathrm{LC}(g_{\sigma(\ell)}^{(j-1)})} \cdot u_\ell,$$

sodass

$$S(g_r^{(j-1)}, g_s^{(j-1)}) = \sum_{\ell=1}^{d} \frac{c_\ell^{(j-1)}}{\mathrm{LC}(g_{\sigma(\ell)}^{(j-1)})} \cdot u_\ell \cdot g_{\sigma(\ell)}^{(j-1)}$$

und $c_k^{(j-1)}$ der Koeffizient des Monoms $u_k \cdot \mathrm{LM}(g_{\sigma(k)}^{(j-1)})$ in

$$Q_k^{(j-1)} := S(g_r^{(j-1)}, g_s^{(j-1)}) - \sum_{\ell=1}^{k-1} \frac{c_\ell^{(j-1)}}{\mathrm{LC}(g_{\sigma(\ell)}^{(j-1)})} \cdot u_\ell \cdot g_{\sigma(\ell)}^{(j-1)}$$

ist. Da L eine Liftingfolge ist, gilt $\mathrm{LT}(g_k^{(j-1)}) = \mathrm{LT}(g_k^{(j)})$ und damit folgen insbesondere

$$m_r = \frac{\mathrm{LCM}(\mathrm{LM}(g_r^{(j)}), \mathrm{LM}(g_s^{(j)}))}{\mathrm{LT}(g_r^{(j)})},$$

$$m_s = \frac{\mathrm{LCM}(\mathrm{LM}(g_r^{(j)}), \mathrm{LM}(g_s^{(j)}))}{\mathrm{LT}(g_s^{(j)})},$$

Es gelten außerdem

- $S(g_r^{(j)}, g_s^{(j)}) \equiv S(g_r^{(j-1)}, g_s^{(j-1)}) \pmod{p^j}$,
- $\mathrm{M}(S(g_r^{(j-1)}, g_s^{(j-1)})) \subset \mathrm{M}(S(g_r^{(j)}, g_s^{(j)}))$,

d.h. jedes Monom in $S(g_r^{(j-1)}, g_s^{(j-1)})$ tritt auch in $S(g_r^{(j)}, g_s^{(j)})$ auf.

Also ist auch $u_1 \cdot \mathrm{LM}(g_{\sigma(1)}^{(j)})$ ein Monom in $S(g_r^{(j)}, g_s^{(j)})$ mit einem Koeffizienten kongruent zu $c_1^{(j-1)}$ modulo p^j, den wir mit $c_1^{(j)}$ bezeichnen. Weiter ist auch $u_2 \cdot \mathrm{LM}(g_{\sigma(2)}^{(j)})$ ein Monom in

$$S(g_r^{(j)}, g_s^{(j)}) - \frac{c_1^{(j)}}{\mathrm{LC}(g_{\sigma(1)}^{(j)})} \cdot u_1 \cdot g_{\sigma(1)}^{(j)},$$

mit einem Koeffizienten kongruent zu $c_2^{(j-1)}$ modulo p^j, den wir $c_2^{(j)}$ nennen. Diesen Vorgang können wir induktiv fortsetzen und erhalten damit Koeffizienten $c_k^{(j)}$, sodass $c_k^{(j)} \equiv c_k^{(j-1)} \pmod{p^j}$ und $c_k^{(j)}$ der Koeffizient des Monoms $u_k \cdot \mathrm{LM}(g_{\sigma(k)}^{(j)})$ in

$$Q_k^{(j)} := S(g_r^{(j)}, g_s^{(j)}) - \sum_{\ell=1}^{k-1} \frac{c_\ell^{(j)}}{\mathrm{LC}(g_{\sigma(\ell)}^{(j)})} \cdot u_\ell \cdot g_{\sigma(\ell)}^{(j)}$$

ist. Es ist insbesondere $Q_{d+1}^{(j)} \equiv Q_{d+1}^{(j-1)} = 0 \pmod{p^j}$, d.h. $Q_{d+1}^{(j)} = -p^j \cdot h_\nu$ für ein $h \in \mathbb{F}_p[x_1, \ldots, x_\tau]$.

Definieren wir nun

$$a_{r,s,k}^{(j)} := \sum_{\substack{\ell=1 \\ \sigma(\ell)=k}}^{d} \frac{c_\ell^{(j)}}{\mathrm{LC}(g_{\sigma(\ell)}^{(j)})} \cdot u_\ell,$$

und $a_{r,s}^{(j)} := (a_{r,s,1}^{(j)}, \ldots, a_{r,s,n}^{(j)})$, so folgt auch $a_{r,s}^{(j)} \equiv a_{r,s}^{(j-1)} \pmod{p^j}$.

Sei nun $\hat{R}$ die Matrix, dessen ν-te Zeilen gleich $a_{r,s}^{(j)} - m_r e_r + m_s e_s$ für $1 \leq r < s \leq n$ sind. Da $\hat{R}^{(j)} \equiv R^{(j-1)} \equiv R^{(j)} \pmod{p^j}$ gilt, existiert eine Matrix R' mit Einträgen aus $\mathbb{F}_p[x_1, \ldots, x_\tau]$, sodass

$$\hat{R}^{(j)} = R^{(j)} - p^j \cdot R' \tag{3}$$

Multiplizieren wir Gleichung (3) mit $G^{(j)}$ von rechts, so folgt wegen $R^{(j)} \cdot G^{(j)} \equiv 0 \pmod{p^{j+1}}$ die Gleichung

$$p^j \cdot h \equiv -p^j \cdot R' \cdot G^{(j)} \equiv -p^j \cdot R' \cdot G^{(0)} \pmod{p^{j+1}},$$

die äquivalent ist zur Gleichung

$$h \equiv -R' \cdot G^{(0)} \pmod{p}.$$

Daraus folgt, dass $h_k \in \left(G^{(0)}\right)$ gilt für $k = 1, \dots, l$, d.h. die Polynome h_k sind nach endlich vielen Schritten reduzibel zu 0 bzgl. $G^{(0)}$. Sei nun $\bar{R}'$ eine Matrix, sodass zu jedem $1 \leq k \leq l$ eine Zeile von $\bar{R}'$ existiert, sodass diese einem Element aus $A_{G^{(0)}}(-h_k, 0)$ entspricht. Dann gilt $h \equiv -\bar{R}' \cdot G^{(0)} \pmod{p}$. Es sei $S^{(j)} := R' - \bar{R}'$. Dann folgt

$$S^{(j)} \cdot G^{(0)} \equiv R' \cdot G^{(0)} - \bar{R}' \cdot G^{(0)} \equiv -h + h \equiv 0 \pmod{p}. \tag{4}$$

Definieren wir $\bar{R}^{(j)} := R^{(j)} - p^j \cdot S^{(j)}$, dann entsprechen die Zeilen von $\bar{R}^{(j)}$ Elementen aus $B_{r,s}^{G^{(j)}}$.

Als Nächstes wollen wir Matrizen $\bar{R}^{(j+1)}, \bar{R}^{(j+2)}, \dots, \bar{R}^{(i)}$ konstruieren, sodass

$$\begin{aligned} \bar{L} = \big((G^{(0)}, Y^{(0)}, R^{(0)}), \dots, (G^{(j-1)}, Y^{(j-1)}, R^{(j-1)}),\\ (G^{(j)}, Y^{(j)}, \bar{R}^{(j)}), \dots, (G^{(i)}, Y^{(i)}, \bar{R}^{(i)})\big) \end{aligned}$$

eine Liftingfolge von F modulo p darstellt. Dazu behaupten wir, dass für alle Indizes $k \in \{j, j+1, \dots, i\}$ Matrizen $S^{(k)}$ mit Einträgen aus $\mathbb{F}_p[x_1, \dots, x_\tau]$ existieren, sodass für

$$\begin{aligned} \bar{R}^{(k)} &:= R^{(k)} - \sum_{\nu=j}^{k} p^\nu \cdot S^{(\nu)}, \\ \bar{R}^{(j-1)} &:= R^{(j-1)} \end{aligned}$$

die folgenden Aussagen gelten:

(i) $\bar{R}^{(k)} \cdot G^{(k)} \equiv 0 \pmod{p^{k+1}}$.

(ii) $\bar{R}^{(k)} \equiv \bar{R}^{(k-1)} \pmod{p^k}$.

(iii) $\left(\sum_{\nu=j}^{k} p^\nu \cdot S^{(\nu)}\right) \cdot G^{(k-j)} \equiv 0 \pmod{p^{k+1}}$.

Diese Behauptung zeigen wir per Induktion nach k.

<u>Induktionsanfang ($k = j$)</u>

Es sei $S^{(j)}$ wie vorhin definiert. Dann gelten

(i) $\bar{R}^{(j)} \cdot G^{(j)} = R^{(j)} \cdot G^{(j)} - p^j \cdot S^{(j)} \cdot G^{(j)} \equiv 0 \pmod{p^{j+1}}$,

(ii) $\bar{R}^{(j)} = R^{(j)} - p^j \cdot S^{(j)} \equiv R^{(j)} \equiv R^{(j-1)} = \bar{R}^{(j-1)} \pmod{p^j}$,
(iii) $p^j \cdot S^{(j)} \cdot G^{(0)} \equiv 0 \pmod{p^{j+1}}$.

Induktionsschritt ($j < k \leq i$)

Aufgrund der Induktionshypothese und $R^{(k-1)} \cdot G^{(k-1)} \equiv 0 \pmod{p^k}$ folgt

$$-\left(\sum_{\nu=j}^{k-1} p^\nu \cdot S^{(\nu)}\right) \cdot G^{(k-1)} = \bar{R}^{(k-1)} \cdot G^{(k-1)} - R^{(k-1)} \cdot G^{(k-1)} \equiv 0 \pmod{p^k}.$$

Wegen $G^{(d)} \equiv G^{(d-1)} \pmod{p^d}$ für $1 \leq d \leq k-1$ gilt damit außerdem

$$-\left(\sum_{\nu=j}^{k-1} p^\nu \cdot S^{(\nu)}\right) \cdot G^{(k-j)} \equiv -\left(\sum_{\nu=j}^{k-1} p^\nu \cdot S^{(\nu)}\right) \cdot G^{(k-1)} \equiv p^k \cdot q \pmod{p^{k+1}},$$

wobei $q = (q_1, \ldots, q_l)$ mit $q_1, \ldots, q_l \in \mathbb{F}_p[x_1, \ldots, x_\tau]$ ist. Mit Lemma 40 folgt daraus $q_1, \ldots, q_l \in (G^{(0)})$, also sind die Polynome $q_1, \ldots, q_l$ jeweils reduzibel zu 0 bzgl. $G^{(0)}$.

Sei nun $S^{(k)}$ die Matrix, sodass es für jedes $d \in \{1, \ldots, l\}$ eine Zeile von $S^{(k)}$ gibt, die einem Element aus $A_{G^{(0)}}(q_d, 0)$ entspricht. Dann gilt

$$S^{(k)} \cdot G^{(0)} \equiv q \pmod{p}.$$

Wir zeigen im Folgenden, dass mit dieser Matrix die Bedingungen (i), (ii) und (iii) gelten.

Die Bedingung (i) ist erfüllt, denn es gilt

$$\begin{aligned}
\bar{R}^{(k)} \cdot G^{(k)} &= \left(R^{(k)} - \sum_{\nu=j}^{k} p^\nu \cdot S^{(\nu)}\right) \cdot G^{(k)} \\
&= R^{(k)} \cdot G^{(k)} - \left(\sum_{\nu=j}^{k} p^\nu \cdot S^{(\nu)}\right) \cdot G^{(k)} - p^k \cdot S^{(k)} \cdot G^{(k)} \\
&\equiv R^{(k)} \cdot G^{(k)} + p^k \cdot q - p^k \cdot q \equiv 0 \pmod{p^{k+1}}.
\end{aligned}$$

Aufgrund von

$$\bar{R}^{(k)} = R^{(k)} - \sum_{\nu=j}^{k} p^\nu \cdot S^{(\nu)} \equiv R^{(k-1)} - \sum_{\nu=j}^{k-1} p^\nu \cdot S^{(\nu)} = \bar{R}^{(k-1)} \pmod{p^k}$$

gilt auch die Bedingung (ii). Es gilt außerdem

$$\begin{aligned}
\left(\sum_{\nu=j}^{k} p^\nu \cdot S^{(\nu)}\right) \cdot G^{(k-j)} &= \left(\sum_{\nu=j}^{k-1} p^\nu \cdot S^{(\nu)}\right) \cdot G^{(k-j)} + p^k \cdot S^{(k)} \cdot G^{(k-j)} \\
&\equiv -p^k \cdot g + p^k \cdot g = 0 \pmod{p^{k+1}},
\end{aligned}$$

woraus auch schließlich die Bedingung (iii) folgt.

Wir haben nun eine neue Liftingfolge $\bar{L}$ gefunden, die zu j hochreduzierend ist. Wiederholt man diesen Vorgang, so erhalten wir eine zu i hochreduzierende Liftingfolge. Insbesondere bedeutet das, dass $S(g_r^{(i)}, g_s^{(i)}) \xrightarrow[G^{(i)}]{*} 0$ für alle Indizes r, s mit $1 \leq r < s \leq n$ ist.

(b) Sei nun $h \in \left(G^{(i)}\right) \subset \mathcal{Z}_{p^{i+1}}[x_1, \ldots, x_\tau]$. Dann lässt sich h darstellen als $h = \sum_{k=1}^{n} h_k g_k^{(i)}$, wobei $h_k \in \mathcal{Z}_{p^{i+1}}[x_1, \ldots, x_\tau]$ ist. Man kann mithilfe von Teilaussage (a) eine Darstellung von h finden, sodass für alle Summanden $h_k g_k^{(i)} \neq 0$ die Bedingung

$$\text{multideg}(h_k g_k^{(i)}) \leq \text{multideg}(h)$$

gilt (vgl. Beweis von [1, Seite 85, Theorem 6]). Damit gibt es also ein $k \in \{1, \ldots, n\}$, sodass $\text{LM}(h_k g_k^{(i)}) = \text{LM}(h)$ ist, d.h. h ist reduzibel bzgl. $G^{(i)}$.

(c) Sei $\bar{F} := F \pmod{p^{i+1}}$. Da p eine glückbringende Primzahl ist, existiert $\bar{G}^{(i)} = \left(\bar{g}_1^{(i)}, \ldots, \bar{g}_n^{(i)}\right) := G \pmod{p^{i+1}}$ und es gilt $(\bar{F}) = (\bar{G}^{(i)}) \subset \mathcal{Z}_{p^{i+1}}[x_1, \ldots, x_\tau]$. Weil L eine Liftingfolge ist, gilt insbesondere $Y^{(i)} \cdot G^{(i)} \equiv F \pmod{p^{i+1}}$ und damit $(\bar{F}) \subset \left(G^{(i)}\right)$.

Als Nächstes wollen wir zeigen, dass $(\bar{F}) = \left(G^{(i)}\right)$ gilt. Wir nehmen zunächst an, dass $(\bar{F}) \subsetneq \left(G^{(i)}\right)$ gelten würde. Dann existiert ein Polynom $h \in \left(G^{(i)}\right) \setminus (\bar{F})$. Mit Teilaussage (b) folgt, dass h reduzibel bzgl. $G^{(i)}$ ist. Dann ist h auch reduzibel bzgl. $\bar{G}^{(i)}$, da $\text{LM}(g_k^{(i)}) = \text{LM}(\bar{g}_k^{(i)})$ für alle $k = 1, \ldots, n$ gilt.

Sei nun $q \in \mathcal{Z}_{p^{i+1}}[x_1, \ldots, x_\tau]$, sodass $h \xrightarrow[\bar{G}^{(i)}]{} q$ gilt. Dann ist $q \in \left(G^{(i)}\right)$, weil $h \in \left(G^{(i)}\right)$ und $\left(\bar{G}^{(i)}\right) = (\bar{F}) \subset \left(G^{(i)}\right)$. Es ist aber $q \notin (\bar{F})$, da sonst $h \in (\bar{F})$ wäre, was wir nach unserer Annahme ausgeschlossen haben. Mit den gleichen Argumenten wie für h ist q reduzibel bzgl. $\bar{G}^{(i)}$. Dieser Reduktionsschritt lässt sich also beliebig oft durchführen. Das liefert jedoch einen Widerspruch, da $\longrightarrow$ eine noethersche Relation ist.

Die Annahme ist demnach falsch, d.h. es gilt $(\bar{F}) = \left(G^{(i)}\right)$.

(d) Sei $\bar{G}^{(i)} = \left(\bar{g}_1^{(i)}, \ldots, \bar{g}_n^{(i)}\right) := G \pmod{p^{i+1}}$. Wir nehmen an, dass es ein $k \in \{1, \ldots, n\}$ gäbe, sodass $g_k^{(i)} \neq \bar{g}_k^{(i)}$.

Es ist $g_k^{(0)}$ irreduzibel bzgl. $G^{(0)} \setminus \{g_k^{(0)}\}$, da $G^{(0)}$ eine reduzierte Gröbnerbasis ist. Da $\text{M}(g_k^{(i)}) = \text{M}(g_k^{(0)})$ gilt, so ist auch $g_k^{(i)}$ irreduzibel bzgl. $G^{(i)} \setminus \{g_k^{(i)}\}$. Zudem gilt $\text{LT}(g_k^{(i)}) = \text{LT}(\bar{g}_k^{(i)})$, d.h. $\bar{g}_k^{(i)} \xrightarrow[G^{(i)}]{} h := \bar{g}_k^{(i)} - g_k^{(i)} \neq 0$, insbesondere ist $\text{LM}(g_k^{(i)}) \notin \text{M}(h)$. Weiter gilt wegen $\text{M}(g_k^{(i)}) = \text{M}(\bar{g}^{(i)})$

auch $\mathrm{M}(h) \subset \mathrm{M}(g_k^{(i)})$. Daraus folgt insgesamt, dass h irreduzibel bzgl. $G^{(i)}$ ist.

Mit Teilaussage (b) folgt $h \notin (G^{(i)})$ und damit $(G^{(i)}) \neq (\bar{G}^{(i)}) = (F)$. Dies widerspricht jedoch Teilaussage (c), d.h. es muss $g_k^{(i)} = \bar{g}_k^{(i)}$ für alle $k = 1, \ldots, n$ gelten. □

5 Der Liftingalgorithmus

5.1 Gleichungssystem zur Bestimmung der Liftingfolge

Ist p eine für $F \in \mathbb{Q}[x_1, \ldots, x_\tau]^m$ glückbringende Primzahl, so existieren insbesondere Matrizen $G^{(0)}, Y^{(0)}, R^{(0)}$ mit Einträgen aus $\mathbb{F}_p[x_1, \ldots, x_\tau]$, sodass

$$Y^{(0)} \cdot G^{(0)} \equiv F \pmod{p},$$
$$R^{(0)} \cdot G^{(0)} \equiv 0 \pmod{p},$$

wobei $G^{(0)} = (g_1^{(0)}, \ldots, g_n^{(0)})$ die reduzierte Gröbnerbasis von $\bar{F} := F \pmod{p}$ und $R^{(0)}$ eine Syzygiematrix von $(\bar{F}, G^{(0)})$ in $\mathbb{F}_p[x_1, \ldots, x_\tau]$ darstelllen. Unser Ziel ist es nun, die reduzierte Gröbnerbasis G von F in $\mathbb{Q}[x_1, \ldots, x_\tau]$ zu bestimmen.
Nach Satz 41 lässt sich $(G^{(0)}, Y^{(0)}, R^{(0)})$ zu einer Liftingfolge $\left((G^{(i)}, Y^{(i)}, R^{(i)})\right)_i$ beliebiger Länge erweitern. Satz 44 besagt hingegen, dass die Einträge $G^{(i)}$ dieser Folgenglieder die reduzierte Gröbnerbasis G richtig approximieren.
Nun wollen wir $(G^{(i)}, Y^{(i)}, R^{(i)})$ aus dem vorherigen Folgenglied $(G^{(i-1)}, Y^{(i-1)}, R^{(i-1)})$ berechnen. Seien dazu $\tilde{G}^{(i-1)}$, $\tilde{Y}^{(i-1)}$, $\tilde{R}^{(i-1)}$ willkürlich gewählte Lifts von $G^{(i-1)}$, $Y^{(i-1)}$, $R^{(i-1)}$ nach $\mathbb{Z}_{p^{i+1}}$ mit $\mathrm{M}(\tilde{g}_k^{(i-1)}) = \mathrm{M}(g_k^{(0)})$ und $\mathrm{LC}(\tilde{g}_k^{(i-1)}) = 1$ für $k = 1, \ldots, n$, wobei $\tilde{G}^{(i-1)} = (\tilde{g}_1^{(i-1)}, \ldots, \tilde{g}_n^{(i-1)})$.
Wir bestimmen ein $c \in \mathbb{F}_p[x_1, \ldots, x_\tau]^{n(m+l+1)}$, welches das Gleichungssystem

$$U \cdot c = v^{(i)} \tag{5}$$

löst, wobei,

$$v^{(i)} = \frac{1}{p^i} \cdot \left(\frac{F - \tilde{Y}^{(i-1)} \cdot \tilde{G}^{(i-1)}}{-\tilde{R}^{(i-1)} \cdot \tilde{G}^{(i-1)}} \right),$$

$$U = \left(\begin{array}{c|c|c} H_m & 0 & Y^{(0)} \\ \hline 0 & H_l & R^{(0)} \end{array} \right), \tag{6}$$

$l = \binom{n}{2}$ die Anzahl der Zeilen in $R^{(0)}$ beschreibt und

$$H_k = \begin{pmatrix} g_1^{(0)} & \cdots & g_n^{(0)} & & & & 0 \\ & & & \ddots & & & \\ & & 0 & & g_1^{(0)} & \cdots & g_n^{(0)} \end{pmatrix}$$

eine Matrix mit k Zeilen und kn Spalten ist.
Seien $\bar{c} = (\bar{y}, \bar{r}, \bar{g}) \in \mathbb{F}_p[x_1, \ldots, x_\tau]^{n(m+l+1)}$ mit

$$\bar{y} = (y'_{1,1}, \ldots, y'_{1,n}, \ldots, y'_{m,1}, \ldots, y'_{m,n}),$$
$$\bar{r} = (r'_{1,1}, \ldots, r'_{1,n}, \ldots, r'_{l,1}, \ldots, r'_{l,n}),$$
$$\bar{g} = (g'_1, \ldots, g'_n)$$

und

$$G' = \begin{pmatrix} g'_1 \\ \vdots \\ g'_n \end{pmatrix}, \quad Y' = \begin{pmatrix} y'_{1,1} & \cdots & y'_{1,n} \\ \vdots & & \vdots \\ y'_{m,1} & \cdots & y'_{m,n} \end{pmatrix}, \quad R' = \begin{pmatrix} r'_{1,1} & \cdots & r'_{1,n} \\ \vdots & & \vdots \\ r'_{l,1} & \cdots & y'_{l,n} \end{pmatrix}.$$

Ist $\bar{c}$ eine Lösung von (5), so erfüllen G', Y', R' die Gleichungen

$$G^{(0)} \cdot Y' + Y^{(0)} \cdot G' \equiv \frac{1}{p^i} \cdot (F - \tilde{Y}^{(i-1)} \cdot \tilde{G}^{(i-1)}) \pmod p$$
$$G^{(0)} \cdot R' + R^{(0)} \cdot G' \equiv \frac{1}{p^i} \cdot (-\tilde{R}^{(i-1)} \cdot \tilde{G}^{(i-1)}) \pmod p$$

und wir sehen, dass das die gleichen Gleichungen sind wie in Bemerkung 42. Erfüllt $\bar{c}$ zusätzlich die Eigenschaft

$$\mathrm{M}(g'_j) \subset \mathrm{M}\Big(g_j^{(0)} - \mathrm{LT}(g_j^{(0)})\Big) \tag{7}$$

für alle $j = 1, \ldots, n$, so setzen wir

$$G^{(i)} = \tilde{G}^{(i-1)} + p^i \cdot G',$$
$$Y^{(i)} = \tilde{Y}^{(i-1)} + p^i \cdot Y',$$
$$R^{(i)} = \tilde{R}^{(i-1)} + p^i \cdot R'.$$

Satz 41 impliziert die Existenz einer Lösung des Gleichungssystems (5) und Satz 44 besagt weiter, dass die letzten n Einträge einer Lösung $\bar{c}$ mit der Eigenschaft (7) eindeutig bestimmt sind.

5.2 Gröbnerbasen von Moduln

Wir wollen später eine Lösung $\bar{c}$ mit dieser gewünschten Eigenschaft (7) konkret berechnen. Bevor wir eine Beschreibung für ein Lösungsverfahren angeben, werden wir uns kurz mit dem Begriff der Gröbnerbasis von Moduln über $K[x_1, \ldots, x_\tau]$ auseinandersetzen, welche die Theorie aus Kapitel 2 verallgemeinert. Mehr zu diesem Thema findet man in [4].

Definition 45

Seien $g, h, f_1, \ldots, f_s \in K[x_1, \ldots, x_\tau]^r$ mit $g = (g_1, \ldots, g_r)$ und $f_k = (f_{k,1}, \ldots, f_{k,r})$ für $k = 1, \ldots, s$. Es sei außerdem $F = (f_1, \ldots, f_s)$.

(a) Dann heißt g **reduzibel** zu h bzgl. F, falls es $k \in \{1, \ldots, s\}$, $l \in \{1, \ldots, r\}$, $c \in K$ mit $c \neq 0$ und ein Monom u in $x_1, \ldots, x_\tau$ gibt, sodass die folgenden Eigenschaften gelten:

(i) c ist der Koeffizient des Monoms $u \cdot \mathrm{LM}(f_{k,l})$ in g_l

(ii) h lässt sich schreiben als

$$h = g - \frac{c}{\mathrm{LC}(f_{k,l})} \cdot u \cdot f_k$$

In diesem Fall schreiben wir $g \underset{F}{\longrightarrow} h$.

(b) g heißt **nach endlich vielen Schritten reduzibel** zu h bzgl. F, wenn $g = h$ gilt oder wenn es ein $m \in \mathbb{N}$ und $q_0, \ldots, q_m \in K[x_1, \ldots, x_\tau]^r$ gibt, sodass

$$g = q_0 \underset{F}{\longrightarrow} q_1 \underset{F}{\longrightarrow} q_2 \underset{F}{\longrightarrow} \ldots \underset{F}{\longrightarrow} q_m = h.$$

In diesem Fall schreiben wir $g \overset{*}{\underset{F}{\longrightarrow}} h$.

Definition 46

Seien $U \subset K[x_1, \ldots, x_\tau]^r$ ein Untermodul, $g_1, \ldots, g_t \in K[x_1, \ldots, x_\tau]^r$ Erzeuger von U und $G = (g_1, \ldots, g_t)$. Dann heißt G eine **Gröbnerbasis** von U, falls $g \overset{*}{\underset{G}{\longrightarrow}} 0$ für alle $g \in U$ gilt.

5.3 Bestimmung der gewünschten Lösung des Gleichungssystems

Nun möchten wir uns wieder mit der Bestimmung eines $\bar{c}$ mit der Eigenschaft (7) befassen. Wir werden zunächst von solch einer Lösung $\bar{c}$ ausgehen und im Folgenden zeigen, wie man diese explizit ausrechnet.

Als Erstes berechnen wir eine spezielle Lösung c_0 für das Gleichungssystem (5) und ein Erzeugendensystem E für die Lösungsmenge des homogenen Gleichungssystems

$$U \cdot c = 0. \tag{8}$$

Eine ausführliche Beschreibung zur Berechnung von Lösungen linearer Gleichungssysteme über Polynomringen findet man in [6] (alternativ: [2]).

Danach formen wir E in ein neues Erzeugendensystem

$$C = \left\{ \begin{pmatrix} \vdots \\ h_1'^{(1)} \\ \vdots \\ h_n'^{(1)} \end{pmatrix}, \begin{pmatrix} \vdots \\ h_1'^{(2)} \\ \vdots \\ h_n'^{(2)} \end{pmatrix}, \quad \ldots \quad, \begin{pmatrix} \vdots \\ h_1'^{(d)} \\ \vdots \\ h_n'^{(d)} \end{pmatrix} \right\}$$

für die Lösungsmenge von (8) um, sodass

$$C' = (h'^{(1)}, \ldots, h'^{(d)}) \quad \text{mit} \quad h'^{(l)} = \begin{pmatrix} h_1'^{(l)} \\ \vdots \\ h_n'^{(l)} \end{pmatrix}$$

eine Gröbnerbasis des von C' erzeugten Moduls bildet. Ein Verfahren zur Berechnung von Gröbnerbasen von Moduln wird in [4, Seite 149f.] erklärt.
Wir bezeichnen nun mit $g = (g_1, \ldots, g_n)$ und $g' = (g'_1, \ldots, g'_n)$ die Vektoren, die die letzten n Einträge von c_0 und $\bar{c}$ beschreiben. Dann bilden $g - g'$ die letzten n Einträge von $c_0 - \bar{c}$. Da $c_0 - \bar{c}$ nun eine Lösung des homogenen Gleichungssystems (8) und C' eine Gröbnerbasis darstellen, ist $g - g'$ reduzibel zu 0 bzgl. C'.
Da g' die Eigenschaft (7) erfüllen soll, schreiben wir $g'_k = \sum_{x^\alpha \in \mathcal{M}_k} c_\alpha^{(k)} x^\alpha$, wobei $\mathcal{M}_k = \mathrm{M}(g_k^{(0)} - \mathrm{LT}(g_k^{(0)}))$ und wir $c_\alpha^{(k)}$ als Variablen in $\mathbb{F}_p$ auffassen. Dann liefert uns die Reduktionsvorschrift $g - g' \xrightarrow[C']{*} 0$ eine Darstellung

$$g = g' + \sum_{\nu=1}^{M} \frac{c_\nu}{\mathrm{LC}\big(h'^{(\sigma(\nu))}_{\mu(\nu)}\big)} \cdot u_\nu \cdot h'^{(\sigma(\nu))}, \tag{9}$$

wobei c_k der Koeffizient des Monoms $u_k \cdot \mathrm{LM}\big(h'^{(\sigma(\nu))}_{\mu(k)}\big)$ in

$$g_{\mu(k)} - g'_{\mu(k)} - \sum_{\nu=1}^{k-1} \frac{c_\nu}{\mathrm{LC}\big(h'^{(\sigma(\nu))}_{\mu(\nu)}\big)} \cdot u_\nu \cdot h'^{(\sigma(\nu))}_{\mu(\nu)}$$

ist (vgl. Bemerkung 9 (c)).
Da die Polynome g'_k die Variablen $c_\alpha^{(k)}$ enthalten, müssen die Koeffizienten c_ν somit auch von $c_\alpha^{(k)}$ abhängen. Multiplizieren wir die Polynome auf beiden Seiten von (9) aus und wenden einen Koeffizientenvergleich auf die Monome an, so erhalten wir ein lineares Gleichungssystem nach $c_\alpha^{(k)}$, das eine eindeutig bestimmte Lösung besitzt, da die Einträge von g' eindeutig bestimmt sind.
Definieren wir weiter

$$a_l := \sum_{\substack{\nu=1 \\ \sigma(\nu)=l}}^{M} \frac{c_\nu}{\mathrm{LC}\big(h'^{(\sigma(\nu))}_{\mu(\nu)}\big)} \cdot u_\nu,$$

dann erhalten wir die Gleichung

$$g = g' + \sum_{l=1}^{d} a_l \cdot h'^{(l)}.$$

Haben wir dieses lineare Gleichungssystem gelöst, so können wir schließlich $\bar{c}$ durch

$$\bar{c} = c_0 - \sum_{l=1}^{d} a_l \cdot \begin{pmatrix} \vdots \\ h_1'^{(l)} \\ \vdots \\ h_n'^{(l)} \end{pmatrix}$$

berechnen.

5.4 Rückschluss auf die reduzierte Gröbnerbasis

Im folgenden Abschnitt beschäftigen wir uns mit dem Problem, wie wir von einem Tupel $G^{(i)} \in \mathcal{Z}_{p^{i+1}}[x_1, \ldots, x_\tau]$ auf die reduzierte Gröbnerbasis G in $\mathbb{Q}[x_1, \ldots, x_\tau]$ schließen können.

Definition 47
Seien p eine Primzahl und $N \in \mathbb{N}$. Dann definieren wir

$$\mathcal{F}_{p,N} := \left\{ \frac{a}{b} \,\middle|\, a, b \in \mathbb{Z}, -N \leq a \leq N, 1 \leq b \leq N, \mathrm{ggT}(a, b) = 1, \mathrm{ggT}(b, p) = 1 \right\}.$$

Kennen wir eine Schranke $N \in \mathbb{N}$ an die Koeffizienten der reduzierten Gröbnerbasis, so garantiert der folgende Satz, dass wir die reduzierte Gröbnerbasis zum Schluss richtig identifizieren.

Satz 48
Seien p eine Primzahl, $k, N \in \mathbb{N}$ mit $N \leq \sqrt{\frac{p^k-1}{2}}$. Dann gibt es für jedes $n \in \mathcal{Z}_{p^k}$ höchstens ein Element $\frac{a}{b} \in \mathcal{F}_{p,N}$, sodass $a \equiv bn \pmod{p^k}$.

Beweis
Siehe [5, Seite 9f.]. □

Bemerkung 49
Es gelten die Bedingungen aus Satz 48. Die Definition von $\mathcal{F}_{p,N}$ induziert eine kanonische Abbildung $\phi : \mathcal{F}_{p,N} \to \mathcal{Z}_{p^k}$. Ist

$$\tilde{\mathcal{Z}} := \left\{ ab^{-1} \in \mathcal{Z}_{p^k} \,\middle|\, \frac{a}{b} \in \mathcal{F}_{p,N} \right\},$$

so bildet die Abbildung $\Phi : \mathcal{F}_{p,N} \to \tilde{\mathcal{Z}}$, $x \mapsto \phi(x)$ wegen Satz 48 eine Bijektion. Ein Algorithmus zur Rekonstruktion eines Elementes $\Phi^{-1}(n)$ aus einem $n \in \tilde{\mathcal{Z}}$ ist in [3] zu finden.

5.5 Liftingalgorithmus

Wir nehmen nun an, dass wir einen Weg kennen würden, um eine Primzahl p und ein $N \in \mathbb{N}$ zu bestimmen, sodass p für F glückbringend ist und die Polynome der reduzierten Gröbnerbasis G von F Polynome mit Koeffizienten aus $\mathcal{F}_{p,N}$ sind, d.h. wir kennen eine Schranke für die Koeffizienten der Polynome in G. Kennen wir keine solche Schranke, so kann der folgende Algorithmus als p-adische Approximation an G angesehen werden:

Eingabe:

- ein endliches Tupel F mit Einträgen aus $\mathbb{Q}[x_1, \ldots, x_\tau]$

- eine für F glückbringende Primzahl p
- eine Schranke $N \in \mathbb{N}$, sodass die Polynome der reduzierten Gröbnerbasis Elemente aus $\mathcal{F}_{p,N}[x_1, \dots, x_\tau]$ sind

Ausgabe:

- die reduzierte Gröbnerbasis G von F

Schritt 1: Setze $K := \left\lceil \frac{\log(2N^2+1)}{\log(p)} \right\rceil$ (d.h. also $N \leq \sqrt{\frac{p^K-1}{2}}$).
Schritt 2: Setze $i := 1$. Berechne die reduzierte Gröbnerbasis $G^{(0)} = \left(g_1^{(0)}, \dots, g_n^{(0)}\right)$ von $\bar{F} := F \pmod p$ und Matrizen $Y^{(0)}, R^{(0)}$, sodass

$$\begin{aligned} Y^{(0)} \cdot G^{(0)} &\equiv F \pmod p, \\ R^{(0)} \cdot G^{(0)} &\equiv 0 \pmod p, \end{aligned}$$

wobei $R^{(0)}$ eine Syzygiematrix von $(\bar{F}, G^{(0)})$ ist.
Schritt 3: Sei U die Matrix aus (6). Berechne ein Erzeugendensystem

$$C = \left\{ \begin{pmatrix} \vdots \\ g_1'^{(1)} \\ \vdots \\ g_n'^{(1)} \end{pmatrix}, \begin{pmatrix} \vdots \\ g_1'^{(2)} \\ \vdots \\ g_n'^{(2)} \end{pmatrix}, \quad \dots \quad, \begin{pmatrix} \vdots \\ g_1'^{(d)} \\ \vdots \\ g_n'^{(d)} \end{pmatrix} \right\},$$

der Lösungsmenge des homogenen Gleichungssystems $U \cdot c = 0$, sodass

$$C' = \left(\begin{pmatrix} g_1'^{(1)} \\ \vdots \\ g_n'^{(1)} \end{pmatrix}, \begin{pmatrix} g_1'^{(2)} \\ \vdots \\ g_n'^{(2)} \end{pmatrix}, \quad \dots \quad, \begin{pmatrix} g_1'^{(d)} \\ \vdots \\ g_n'^{(d)} \end{pmatrix} \right)$$

eine Gröbnerbasis des von C' erzeugten Moduls bildet.
Schritt 4: Ist $i = K$, dann gehe zu Schritt 6.
Schritt 5: Wähle Lifts $\tilde{G}^{(i-1)}, \tilde{Y}^{(i-1)}, \tilde{R}^{(i-1)}$ von $G^{(i-1)}, Y^{(i-1)}, R^{(i-1)}$ nach $\mathcal{Z}_{p^{i+1}}$ mit $M(\tilde{g}_k^{(i-1)}) = M(g_k^{(0)})$ und $\mathrm{LC}(\tilde{g}_k^{(i-1)}) = 1$ für $k = 1, \dots, n$.
Bestimme eine Lösung $\bar{c} = (\bar{y}, \bar{r}, \bar{g})$ des Gleichungssystems

$$U \cdot c = \frac{1}{p^i} \cdot \left(\frac{F - \tilde{Y}^{(i-1)} \cdot \tilde{G}^{(i-1)}}{-\tilde{R}^{(i-1)} \cdot \tilde{G}^{(i-1)}} \right)$$

in $\mathbb{F}_p[x_1, \dots, x_\tau]$, wobei

$$\begin{aligned} \bar{y} &= (y'_{1,1}, \dots, y'_{1,n}, \dots, y'_{m,1}, \dots, y'_{m,n}) \\ \bar{r} &= (r'_{1,1}, \dots, r'_{1,n}, \dots, r'_{l,1}, \dots, r'_{l,n}) \\ \bar{g} &= (g'_1, \dots, g'_n) \end{aligned}$$

und $\mathrm{M}(g'_j) \subset \mathrm{M}\big(g_j^{(0)} - \mathrm{LT}(g_j^{(0)})\big)$ für $j = 1, \ldots, n$ erfüllt ist.
Setze

$$G^{(i)} := G^{(i-1)} + p^i \cdot \begin{pmatrix} g'_1 \\ \vdots \\ g'_n \end{pmatrix},$$

$$Y^{(i)} := Y^{(i-1)} + p^i \cdot \begin{pmatrix} y'_{1,1} & \cdots & y'_{1,n} \\ \vdots & & \vdots \\ y'_{m,1} & \cdots & y'_{m,n} \end{pmatrix},$$

$$R^{(i)} := R^{(i-1)} + p^i \cdot \begin{pmatrix} r'_{1,1} & \cdots & r'_{1,n} \\ \vdots & & \vdots \\ r'_{l,1} & \cdots & y'_{l,n} \end{pmatrix}$$

und $i := i + 1$. Wiederhole Schritt 4.
Schritt 6: Sei $G^{(k)} = (g_1^{(k)}, \ldots, g_n^{(k)})$ mit $g_\nu^{(k)} = \sum_{\alpha_\nu} c_{\alpha_\nu} x^{\alpha_\nu}$ für $\nu = 1, \ldots, n$. Berechne $\Phi^{-1}(c_{\alpha_\nu}) \in \mathcal{F}_{p,N}$ und setze $g_\nu := \sum_{\alpha_\nu} \Phi^{-1}(c_{\alpha_\nu}) \cdot x^{\alpha_\nu}$ für $\nu = 1, \ldots, n$. Dann ist $G = (g_1, \ldots, g_\nu)$ die reduzierte Gröbnerbasis von F.

Beispiel 50
Es sei die lexikografische Monomordnung mit $x < y$ gewählt. In diesem Beispiel wollen wir mithilfe des Liftingalgorithmus eine reduzierte Gröbnerbasis G von

$$F = \begin{pmatrix} x^2y^2 - \frac{14}{3}x^3y \\ xy^3 - \frac{12}{7}x^2y^2 + 8x \\ y^4 + 8y - 24x^3 \end{pmatrix}$$

aus dem Einführungsbeispiel von Kapitel 1 bestimmen.
Zunächst einmal wählen wir zufällig $p = 5$ aus und werden gleich feststellen, dass 5 tatsächlich eine für F glückbringende Primzahl ist. Wir rechnen nun für

$$F \pmod 5 = \begin{pmatrix} x^2y^2 + 2x^3y \\ xy^3 - x^2y^2 - 2x \\ y^4 - 2y + x^3 \end{pmatrix}$$

die reduzierte Gröbnerbasis

$$G^{(0)} = \begin{pmatrix} y^4 - 2y \\ xy^3 - 2x \\ x^2 \end{pmatrix}$$

aus mit der Transformationsmatrix

$$Y^{(0)} = \begin{pmatrix} 0 & 0 & y^2 + 2xy \\ 0 & 1 & -y^2 \\ 1 & 0 & x \end{pmatrix}$$

und der Syzygiematrix

$$R^{(0)} = \begin{pmatrix} -x & y & 0 \\ -x^2 & 0 & y^4-2y \\ 0 & -x & y^3-2 \end{pmatrix}.$$

Dann berechnen wir die Matrix U aus Gleichung (5) aus, deren transponierte Matrix wie folgt aussieht:

$$\begin{pmatrix}
y^4-2y & 0 & 0 & 0 & 0 & 0 \\
xy^3-2x & 0 & 0 & 0 & 0 & 0 \\
x^2 & 0 & 0 & 0 & 0 & 0 \\
0 & y^4-2y & 0 & 0 & 0 & 0 \\
0 & xy^3-2x & 0 & 0 & 0 & 0 \\
0 & x^2 & 0 & 0 & 0 & 0 \\
0 & 0 & y^4-2y & 0 & 0 & 0 \\
0 & 0 & xy^3-2x & 0 & 0 & 0 \\
0 & 0 & x^2 & 0 & 0 & 0 \\
0 & 0 & 0 & y^4-2y & 0 & 0 \\
0 & 0 & 0 & xy^3-2x & 0 & 0 \\
0 & 0 & 0 & x^2 & 0 & 0 \\
0 & 0 & 0 & 0 & y^4-2y & 0 \\
0 & 0 & 0 & 0 & xy^3-2x & 0 \\
0 & 0 & 0 & 0 & x^2 & 0 \\
0 & 0 & 0 & 0 & 0 & y^4-2y \\
0 & 0 & 0 & 0 & 0 & xy^3-2x \\
0 & 0 & 0 & 0 & 0 & x^2 \\
0 & 0 & 1 & -x & -x^2 & 0 \\
0 & 1 & 0 & y & 0 & -x \\
y^2+2xy & -y^2 & x & 0 & y^4-2y & x^3-2
\end{pmatrix}.$$

Jetzt wählen wir

$$\tilde{G}^{(0)} = \begin{pmatrix} y^4+3y \\ xy^3+3x \\ x^2 \end{pmatrix}, \quad \tilde{Y}^{(0)} = \begin{pmatrix} 0 & 0 & y^2+2xy \\ 0 & 1 & 4y^2 \\ 1 & 0 & x \end{pmatrix},$$

$$\tilde{R}^{(0)} = \begin{pmatrix} 4x & y & 0 \\ 4x^2 & 0 & y^4+3y \\ 0 & 4x & y^3+3 \end{pmatrix}$$

als Lifts von $G^{(0)}$, $Y^{(0)}$, $R^{(0)}$ und wollen als Nächstes eine Lösung $\bar{c}$ für das Gleichungssystem

$$U \cdot c = \frac{1}{5} \cdot \left(\frac{F - \tilde{Y}^{(0)} \cdot \tilde{G}^{(0)}}{-\tilde{R}^{(0)} \cdot \tilde{G}^{(0)}} \right)$$

berechnen, sodass die letzten drei Einträge (g_1', g_2', g_3') von $\bar{c}$ die Bedingung $\mathrm{M}(g_k') \subset \mathrm{M}\big(g_k^{(0)} - \mathrm{LT}(g_k^{(0)})\big)$ erfüllen. Als Lösung finden wir schließlich den Vektor

$$\bar{c} = \begin{pmatrix} 0 \\ 0 \\ 2xy \\ 0 \\ 0 \\ y^2 \\ 0 \\ 0 \\ 0 \\ 0 \\ -y \\ 0 \\ 0 \\ 0 \\ -y^4 - 2y \\ 0 \\ 0 \\ -y^3 - 2 \\ y \\ x \\ 0 \end{pmatrix}$$

und berechnen aus den Einträgen von $\bar{c}$ die neuen Matrizen

$$G^{(1)} = \begin{pmatrix} y^4 + 8y \\ xy^3 + 8x \\ x^2 \end{pmatrix}, \quad Y^{(1)} = \begin{pmatrix} 0 & 0 & y^2 + 12xy \\ 0 & 1 & 9y^2 \\ 1 & 0 & x \end{pmatrix}$$

$$R^{(1)} = \begin{pmatrix} 4x & -4y & 0 \\ 4x^2 & 0 & -4y^4 - 7y \\ 0 & 4x & -4y^3 - 7 \end{pmatrix}.$$

Fassen wir an dieser Stelle die Polynome von $G^{(1)}$ als Polynome in $\mathbb{Q}[x_1, \ldots, x_\tau]$ auf und definieren entsprechend

$$G := \begin{pmatrix} y^4 + 8y \\ xy^3 + 8x \\ x^2 \end{pmatrix},$$

so ist G tatsächlich die reduzierte Gröbnerbasis von F in $\mathbb{Q}[x_1, \ldots, x_\tau]$. Wir haben also bereits nach dem ersten Durchlauf des Algorithmus erahnen können, wie die reduzierte Gröbnerbasis von G aussieht. Um in diesem Beispiel die reduzierte Gröbnerbasis von G garantieren zu können, hätte man mindestens viermal den Algorithmus durchlaufen müssen, da $N = 8$ der höchste Koeffizient in G ist und $K = \left\lceil \frac{\log(2N^2+1)}{\log(5)} \right\rceil = 4$. Nach dem ersten Durchlauf hätte man nämlich fälschlicherweise

$$\begin{pmatrix} y^4 - \frac{1}{3}y \\ xy^3 - \frac{1}{3}x \\ x^2 \end{pmatrix}$$

raten können, da auch $-1 \equiv 3 \cdot 8 \pmod{25}$.

Die Bestimmung einer geeigneten Schranke N und einer glückbringenden Primzahl p ohne Kenntnis der reduzierten Gröbnerbasis G bleiben damit ein offenes Problem.

Literaturverzeichnis

[1] David A. Cox, John Little, and Donal O'Shea. *Ideals, Varieties, and Algorithms: An Introduction to Computational Algebraic Geometry and Commutative Algebra, 3/e (Undergraduate Texts in Mathematics)*. Springer-Verlag New York, Inc., Secaucus, NJ, USA, 2007.

[2] A. Furukawa, T. Sasaki, and H. Kobayashi. The grobner basis of a module over $k[x_1, ..., x_n]$ and polynomial solutions of a system of linear equations. In *Proceedings of the Fifth ACM Symposium on Symbolic and Algebraic Computation*, SYMSAC '86, pages 222–224, New York, NY, USA, 1986. ACM.

[3] Peter Kornerup and R. T. Gregory. Mapping integers and hensel codes onto farey fractions. *BIT Numerical Mathematics*, 23(1):9–20.

[4] H.Michael Möller and Ferdinando Mora. New constructive methods in classical ideal theory. *Journal of Algebra*, 100(1):138 – 178, 1986.

[5] W. Trinks. On improving approximate results of buchberger's algorithm by newton's method. *SIGSAM Bull.*, 18(3):7–11, August 1984.

[6] F. Winkler. Solution of Equations I: Polynomial Ideals and Groebner Bases. In R.D. Jenks and D. Chudnovsky, editors, *Computers and Mathematics*, volume 125, pages 383–407. Marcel Dekker, 1990.

[7] Franz Winkler. A p-adic approach to the computation of gröbner bases. *Journal of Symbolic Computation*, 6(2–3):287 – 304, 1988.